南方果树测土配方施肥技术

全国农业技术推广服务中心　组织编写

中国农业出版社

《测土配方施肥技术丛书》编委会

本书编写人员

主　　编：梁友强　张育灿

副 主 编：曾思坚　徐培智

编写人员：曾　莲　姚丽贤　彭智平

孙光明　陈　菁　张发宝

陈建生　曾思坚　徐培智

梁友强　张育灿

前　言

2005年，国家启动实施了测土配方施肥补贴项目。六年来，中央财政累计投资49.5亿元，在全国2 498个项目县（单位、场）启动实施测土配方施肥项目。至2009年，全国测土配方施肥技术实施面积11亿亩以上。测土配方施肥已成为国家支持力度最大、覆盖面最广、参与单位最多的支农惠民行动。全国测土配方施肥项目坚持“试点启动、稳步扩展、全面普及”的发展思路，测土配方施肥技术由外延扩展到内涵提升，突出技术进村入户、配方肥推广到田，保证了项目顺利实施，取得了显著的经济、社会和生态效益。

从科学施肥技术层面上看，测土配方施肥包括测土、配方、配肥、供肥、施肥指导五个环节，包括野外调查、采样测试、田间试验、配方设计、校正实验、配肥加工、示范推广、宣传培训、数据库建设、效果评价和技术研发十一项工作，工作环节多，技术要求高，协作部门广，各级农业部门按照“统筹规划，分级负责，分步实施，整体推进”的原则，狠抓技术规范落实，建立推进工作机制，积极探索推广模式，稳步扩大应用面积。

从技术开发服务层面上看，测土配方施肥注重结合优势作物种植布局，围绕作物品种特性，从粮油大宗作物不断扩展到棉麻糖等经济作物，有的还拓展到果蔬茶花等园艺作物。测土配方施肥已成为全国粮棉油糖高产创建的主要技术手段，也已成为全国标准园田建设的核心技术措施，为我国的粮食安全和农产品有效供给奠定了坚实的技术基础。

为了深化测土配方施肥技术，提高科学施肥技术的到位率，从项目启动实施开始，全国农业技术推广服务中心即在注重耕地土壤肥力和肥料养分配比的基础上，围绕不同农作物的生育特性和需肥规律，开展了大量的肥效田间试验和示范，探索出了适合当前生产水平的农作物施肥技术，形成了小麦、水稻、玉米、大豆、棉花、油菜、花生等粮棉油糖农作物和蔬菜、水果、茶叶等经济作物的科学施肥技术模式，并组织全国30多个省级土肥站富有实践经验的专家及技术骨干编写了《测土配方施肥技术丛书》（以下简称《丛书》）。

《丛书》充分运用了最新的测土配方施肥技术成果，以农作物品种为主线，以作物生育期营养需求和不同区域土壤供肥规律为基础，形成不同农作物的施肥建议。

《丛书》共有20册，涉及小麦、水稻、玉米、大豆、棉花、油菜、花生、蔬菜、果树、马铃薯、烟草等作物。《丛书》介绍了不同作物的区域布局、作物营养特征、作物需肥特性、测土配方施肥方法，以及不同栽培条件下，不同肥料品种的施用时期、数量、方法等。特别是书后附有作物缺素症状图片，并在文中对相对敏感的营养元素的缺素症状进行了直观的描述，是对测土配方施肥技术的一个很好的补充和完善。

《丛书》突破了以往就肥料论肥料、就营养论营养的专业性施肥指导模式，立足在特定区域（土壤）围绕农作物品种研究科学、合理施肥，具有较强的针对性、专一性和可操作性，是基层农技人员进行科学施肥的必备参考书，也是种植大户和广大农民朋友掌握测土配方施肥技术的良好读本。

在《丛书》的编写过程中，我们前后两次组织全体编写人员及农业部测土配方施肥技术专家组成员参加审稿会，提出具体编写要求，认真审稿，保证了《丛书》内容的高质量。中国农业出版社对《丛书》的出版付出了辛勤劳动，专此致谢。

尽管我们谨笔慎墨，疏漏和差错仍在所难免，希望广大读者多提宝贵意见，以臻完善。

编　者

2010年10月

目 录

第一章　南方果园土壤及果树营养生产概况

我国南方水果主要分布在位于我国南方的广东、海南、广西、云南、福建、湖南、江西、四川、重庆、湖北、贵州和台湾12个省（直辖市、自治区），这些省（直辖市、自治区）地处热带和亚热带，温光条件较为充足，雨水较为丰沛，可利用作为耕种水果的坡地丘陵较多，农作物特别是水果种质资源尤为丰富，发展水果产业有着得天独厚的优越条件。改革开放30多年以来，随着国民经济持续稳步发展，人民生活水平逐步提高，生活质量不断改善，市场对农产品需求结构的逐步改变以及居民消费观念的转变，使得城乡居民对水果产品的消费需求逐年增加，水果产业得到迅速发展。发展南方水果生产在推进农业结构调整、增加农民收入、扩大就业及出口创汇等方面发挥着重要作用，已成为发展现代农业和特色农业的新增长点，并成为发展南方效益农业和农村经济以及农民增收的重要支柱产业之一。而且随着我国与东盟各国自由贸易区的深化合作和发展，南方水果产业将面临更大的市场和机遇，为南方果业的发展提供更大的空间。

注：亩为非法定计量单位，为方便农民朋友阅读，本书仍使用亩作为面积单位，1亩＝1/15公顷≈667米^2。

一、南方水果生产概况

改革开放30多年来，在国家一系列惠民政策指引下，我国水果生产不断稳步发展，特别是南方水果种植面积和产量保持持续稳定增长，为保障我国城乡人民生活不断增加的物质需求做出了很大贡献。据农业部发展南亚热带作物办公室提供的情况表明，至2008年，南方水果面积达到3 765.3万亩（不含台湾省），总产量达2 231.9万吨，总产值495亿元。其中广东省种植水果面积最大，占南方水果面积的1/3，达1 259万亩，产量956万吨，产值226亿元；广西壮族自治区面积1 045万亩，占南方水果面积的27.7%，产量330.6万吨，产值75.7亿元；福建省489.2万亩，占南方水果面积的13%，产量323.6万吨，产值66亿元；海南省256.6万亩，产量246.1万吨，产值68.3亿元；云南省236.7万亩，产量184.7万吨，产值29.9亿元；湖南省222万亩，产量102.8万吨，产值15.5亿元；四川省187.5万亩，产量66万吨，产值8.4亿元；贵州省69万亩，产量21.4万吨，产值5.3亿元。种植面积较大的水果作物有：柑橘面积883.1万亩，总产量543.3万吨，总产值97.8亿元；荔枝843.8万亩，总产量154.7万吨，总产值43亿元；龙眼593.7万亩，总产量124万吨，总产值41.5亿元；香蕉505.3万亩，总产量804万吨，总产值145亿元；柚子181.6万亩，总产量152.9万吨，总产值32.2亿元；菠萝81万亩，总产量93.5万吨，总产值10.3亿元。上述几大类水果面积约占南方水果总面积的86%。特别是随着近年来各地特色农业的大力发展，各地不断推进落实“一乡一

品”、“一村一品”等惠民政策，涌现了很多名特优水果，如杨桃、橄榄、黄皮、火龙果、番木瓜、番石榴、番荔枝、红毛丹、西番莲、青梅、柿、梨、李、桃、板栗、枇杷、杨梅、人心果、树菠萝……等。

我国南方果树生产概括特点如下：

1. 优化布局调整结构　改革开放30多年来，我国南方各省份在发展水果产业中，根据本省的土地、气候、品种、技术等资源特点和区域优势，注重调整水果产业结构和品种结构，优化并形成了比较合理的水果作物生产布局。水果生产布局的演变由平原主产区向丘陵山地、江河海滩涂地发展，优良品种不断引进和培育出来，特别是各地从国内外引进推广一批水果优良品种，极大地优化和改善了南方各省份水果的品种结构。可以预见的是，今后随着我国与东盟各国自由贸易区的实施和不断引向深入，南方水果产业将加速生产布局的优化以及水果产业内部品种的调整。目前在广东省已建成了以粤西为代表的我国最大的热带南亚热带水果主产区，全省水果优良品种覆盖率达到90%。例如既受消费者欢迎，又优质、高产的巴西香蕉占全省香蕉种植面积的90%以上，沙糖橘、贡柑、马水橘、蕉柑、沙田柚等柑橘优良品种占柑橘总面积的95%以上，荔枝优良品种糯米糍、桂味、妃子笑、白腊、白糖罂、双肩玉荷包等在生产上也占了较大比例。

2. 优势区域基本形成　我国南方各省（自治区）由于地处热带南亚热带，区域广阔，有着特殊的地理气候条件、丰富的水果种质资源和悠久的栽培历史，在水果发展的热潮中，全省（自治区）各级农业部门根据不同树种对地理环境气候条件的要求和产区的综合条件，引导生产者因地制宜，扬长避短，形成了以香蕉、柑橘、荔枝、龙眼、菠萝和芒果等一批具有鲜明地方特色的水果优势产区，各省（自治区）先后涌现出不少各具特色的“水果之乡”。如在广东省，香蕉主产区集中在粤西和珠江三角洲平原等地，柑橘主产区集中在肇庆、云浮、清远和粤东等地，荔枝、龙眼主产区则集中在粤西、珠江三角洲和粤东，菠萝、芒果主产区主要集中在粤西雷州半岛。

3. 科技水平不断提高 近年来在农业部的指导下，南方各省（自治区）发展水果产业生产的重点是在加强果园田间栽培管理的基础上，开展应用测土配方施肥技术，推广标准化生产，进行水果采后商品化处理、保鲜贮藏、深加工，不断提高生产科技水平。特别是从2005年以来，农业部在全国范围内启动测土配方施肥行动，南方各省（自治区）农业部门逐步在水果作物上实施测土配方施肥，推广面积不断增加，取得了明显的节肥、增产、增效作用，而且改善了果园土壤生态条件，提高了水果品质，促进了水果产业的可持续发展。如广东省水果推广测土配方施肥发展迅速，从2006年的25.5万亩发展到2009年的219.41万亩，2005—2009年累计推广水果测土配方施肥574.65万亩次，占全省测土配方施肥推广总面积的4.9%，亩平均增产45.4千克，减少不合理施肥量5.11千克/亩，亩增产节支124元，总增加经济收益7.1亿元。2009年起，农业部在各省水果主产区开展水果标准园创建，大大提高了水果生产的科技水平。各地主要采取以下措施提高果树生产科技水平：一是各级政府进一步加大了对水果产业基础设施建设、生产科研攻关和科技推广应用等方面的投入，通过从国内外引进良种、先进技术和保护性栽培设施，使水果品种得到改良，栽培技术水平得到提高，产品质量得到提升，取得了较好的经济社会效益；

二是通过推广水果良种、测土配方施肥、早结丰产稳产综合技术、无公害标准化栽培技术和采后商品化处理技术，水果单产得到明显提高，年产量稳步增长，产品质量也有较大改善；三是通过全力推进无公害农产品生产，建立无公害农产品安全生产基地，在逐步淘汰高毒、高残留农药产品的同时，积极开发生物农药和高效低毒农药产品，推广病虫害综合防治技术，提高水果的质量安全水平；四是水果贮藏保鲜、包装、贮运和果品深加工等科学技术的研发取得了较大进展，运用先进的采后处理技术及设施，使荔枝、龙眼等水果出口有新的突破，在冷链条件下实现了荔枝、龙眼保鲜贮藏和远途运输的成功，荔枝、龙眼鲜果远销质量达到世界先进水平。

4. 组织化程度不断提高 在国家农业产业政策及各级农业主管部门的支持指导下，农民的科技水平和市场竞争意识逐渐提高，为促进南方果业的发展，各水果主产区相继成立了各种类型的水果专业合作社、协会或行业协会，这些协会主要是以市场信息和生产技术交流、推广为主，推进水果标准园创建，从而提高果农生产技术水平，促进产业的健康发展。如在广东省，省园艺学会下设立了省荔枝龙眼科技协会、省香蕉科技协会和省柑橘科技协会等省级科技协会；市、县一级也涌现出一大批水果专业协会。特别是近年来，各地还组建了不少水果专业合作社，如汕头市玉浦柑橘专业合作社、平远县上举镇新福地果业专业合作社、惠州市山前荔枝专业合作社、惠东四季鲜荔枝专业合作社、湛江市东海联发香蕉专业合作社、廉江良垌日升荔枝专业合作社、廉江市新民镇荔枝专业合作社、吴川市诚信绿色香蕉专业合作社、高州市明河香蕉合作社等。各类协会和合作社组织的成立，进一步引导水果产业向着小生产大群体、产销服务一体化转化，优化水果产品的市场要素，有利于市场有序竞争，促进南方果业加快和谐发展。

二、南方果园土壤特性

由于南方果树类型多，特别是随着近年来种植区域的不断拓展和调整，目前南方果树既有种植在山地、丘陵、坝地、河滩等地的，也有利用水田进行种植的，使南方果园土壤呈现多样性的特点，因此各地在指导南方果树进行施肥时，一定要在当地农技部门的指导下进行。但由于南方果树地处高温多雨的热带、亚热带，旱地和坡耕地土壤有机质分解快，土壤养分和黏粒淋失大，加上已经种植多年、时间长，而果树每个年度所吸收和需要的养分较多，如果施肥管理措施跟不上，原有土壤养分也很快被吸收和消耗，导致南方果园土壤表土层浅薄、砂化严重，土壤多呈强酸性或酸性反应，养分含量低，土壤氮、磷、钾养分供应不足状况非常普遍，中微量营养元素普遍缺乏，使南方果园土壤具有“酸、旱、浅、瘦瘠、黏（砂）、板结、水土流失”等特点。

据广东省农业科学院土壤肥料研究所多年来对省内多个旱地和坡耕地土壤的抽样测试结果表明，广东省旱坡地等果园土壤有机质含量平均为 1.04%（幅度在 0.53%～1.27%）、有效氮含量平均为 38.2 毫克/千克（幅度在7.5～115.0 毫克/千克）、有效磷含量平均为 16.0 毫克/千克（幅度在 2.0～56.0 毫克/千克）、有效钾含量平均为 62.4 毫克/千克（幅度在 2.7～207 毫克/千克）。而盆栽试验结果也表明，这些土壤中氮、磷、钾养分的缺乏程度一般较水稻土严重，不施氮肥引起显著减产的土样占 100%，不施磷、钾肥减产的土样占 86.7%，不施氮、磷、钾肥平均减产幅度分别达 58.8%、64.4%、31.8%。说明广东省旱坡地等果园土壤有机质匮乏，氮、磷、钾养分严重供应不足状况非常普遍。但是，也有少数土样（约占 10%）的磷供应已达到适宜甚至超量水平，这些果园土壤主要为多年种植香蕉且连续多年施用进口复合肥的水田。

这些抽样测试的旱坡地土壤中，在中量元素养分含量方面，土壤有效钙含量为 8～2 084 毫克/千克，有效硫含量为 9.0～52.6 毫克/千克，有效镁含量为 0.5～133.6 毫克/千克，盆栽试验结果也表明，不施钙、镁、硫肥处理引起减产的土样分别占 80%、80%和 53.3%，而平均减产幅度分别为 59.1%、26.6%和 21.9%。

在微量元素养分方面，旱坡地等果园土壤有效锌、硼、铜、锰缺乏的土样都在四成以上，有效锌缺乏甚至占到七成以上，盆栽试验结果也表明，有相当比例的土样呈现锌、硼、锰、铜、钼供应不足状况，其缺素处理出现减产的各占供试土样的 46.7%、36.7%、30%、53.3%和 33.3%，不施这些微肥的减产幅度平均为 16.8%～22.4%。

三、南方果树的营养特性

1. 南方果树的生长特性　由于南方果树种类多，既有灌木型果树，又有落叶型果树，还有短期蔓生型果树，因此，南方果树的生物学特性较为复杂，除了蔓生型水果——西瓜外，其他大部分果树共同的特性可概括为：第一个共性是具有多年生、多次结果、根系深、树体大、树龄长的特点，大部分果树栽种后要经过多年生长才能坐果，如柑橘、荔枝、龙眼等果树一般要经过3年后才能进入结果期，而且进入结果期后，可以连续多年坐果，每年可收获一次，结果期长，但也有当年种植当年收获的果树，如香蕉。随着果树不断从土壤里吸收营养，果树根系逐渐从表土向深处伸展，促进养分的不断吸收，使果树树体逐渐长高长大，延长了果树的生长周期，树龄可达到几年至几十年甚至更长。第二个共性是可以进行无性繁殖，能保持母本优良性状，提早坐果，不少果树可利用砧木嫁接繁殖育苗，一般选择与接穗亲和力强、有强大根系、能保持和增进接穗的优良性状、适应当地自然条件和抗逆性强的果木作为砧木，利用砧木的抗逆能力，扩大了果树的种植范围。

（1）根　根是果树吸收养分的主要器官，并能固定树体。根由胚根发育而成，其中垂直生长的叫主根，主根上着生侧根，在骨干根及侧根上着生须根，有些果树还有菌根（如柑橘）。主根和大主根构成果树根系的骨架，而扦插和圈枝繁殖的果苗没有主根。根与树冠的生长有上下对称的现象，树冠高的根系较深，一般为树冠高度的0.2～0.4倍，如荔枝根深可在3米以上；树冠较为开张的果树侧根较浅而广阔，根系分布一般大于树冠，一般为树冠冠幅的1～3倍。根在一年中有几次生长高峰，与枝梢生长高峰成相反消长。根与树干的交界处称为根颈，根颈露于地面过高或过深埋入土中（在定植后1～3年），都不利于果树生长。

（2）叶　叶是进行光合作用制造养分和贮藏养分的重要器官，一般有40%的氮素营养贮藏在叶片中。叶片表面，特别是叶背有很多气孔，是呼吸、蒸腾的通道，营养物质也可通过气孔和叶表细胞进入树体，是叶面喷施时养分的主要输送通道。由于很多果树叶面有一层角质层不能附着水滴，所以叶面喷施要喷成细雾状叶面才容易吸收利用，因此，叶片又具有呼吸、蒸腾、吸收和贮藏的作用。幼嫩叶片需要其他部分供应养分，特别在转绿时需要养分更多，转绿成熟后叶片机能活跃，能通过光合作用制造养分供给其他部分；老叶光合作用减弱，但仍能起到贮藏养分的作用，因此，叶片的大小、颜色及养分含量反映着树体的营养状况是否正常，叶片营养能直接体现果树树体营养状况，因此进行叶片养分分析，可以作为指导施肥的一种依据。不少果树要求有一定的叶果比例才能保证果树年年丰产，不同果树的种类和品种不大一样，蕉柑和甜橙叶果比大约为 50∶1，温州蜜柑为 25～30∶1。香蕉在结果期间，要保持 10～12 片完整的叶片，结果才能良好，当香蕉叶片长至 28～36 片后，便开始抽蕾、开花和结果。

(3) 地上部与地下部的相互关系　果树在一年生长中，地上部与地下部有交互现象，当根系生长高峰后转入微弱生长状态时，就是地上部枝梢生长进入高峰时期，这种交互生长现象经常出现不平衡，但果树体内会不断进行调整，建立新的平衡。了解这种相互关系对指导果树进行科学施肥是很重要的，特别针对某个特殊时期（如受灾）如何指导施肥才能使果树尽快恢复生长。如果树冠中大枝折断或重剪，会促使新梢大量抽发以恢复平衡；如果根系局部切断，可促使新根发生。

(4) 营养器官与生殖器官的相互关系　果树枝叶生长过程中通过根系吸收积累了大量养分，可促进花果形成和发育。但如果花果过多，大量消耗养分，就会削弱枝叶生长，影响花芽分化；枝叶生长衰弱，养分吸收不足，又会反过来削弱花器发育，造成落花落果；枝叶生长过旺，又与花果争夺养分而影响坐果。特别在幼果分果期，如果大量抽发夏梢，落果会更加严重。所以生产上常常通过控制水肥，抑制枝梢生长，可以达到合理的叶果比例，使营养生长与生殖生长得到平衡。

2. 南方果树的营养特性

（1）不同生育阶段的营养重点不同　由于南方果树多数产量高，一个生长周期中需要积累的营养物质较多，而且还需要从营养生长过渡到生殖生长，因此，在各个不同生育阶段的营养需求及营养供应重点都不同。

果树在幼树阶段，这个阶段有的长达1～3年，有的为3～5个月，这个阶段以营养生长为主，主要完成根系、枝叶、枝梢和树冠骨架的发育，营养供应以氮、磷、钾肥为主，这个时期应施足磷肥，适当配施氮钾肥，促进果树发根，以加快果树的生长发育。

在结果期，果树生长从营养生长转入生殖生长，这个阶段对钾的需求量越来越多，应增施磷钾肥以扩大树冠和促进花芽分化。到了盛果期要提高钾肥施用比例。由于结果期既要满足枝叶生长的营养需要，又要满足果实长大的营养需要，这个时期要注意氮、磷、钾三要素肥料和中微量元素肥料的配合施用，因此，如果土壤中微量元素养分不足，在盛果期容易出现中微量元素的缺素症，必须根据土壤的实际和果树的需要适时、适量进行补施。

到了衰老期，随着果树营养生长的减弱，为了延缓其衰退，应结合树体的更新抓好果园的肥水管理，增施有机肥和氮肥，以促进营养生长的恢复，促进更新复壮，以延长结果期和盛果期。

（2）不同时期主要营养呈现不同的变化　由于果树营养

生长达到一定程度必须向生殖生长转变，因此，氮、磷、钾素主要营养在不同生长时期都出现不同的变化规律，这种周期性变化规律表现在：前期以氮素营养为主，中后期以钾素营养为主，磷的吸收在整个生长周期中比较平稳。由于前期生长阶段在开花坐果、幼果发育和生长前需要大量的氮素营养，到了新梢营养生长高峰期，氮素的吸收量亦达到高峰。此后进入花芽分化的生殖生长期和果实膨大期，钾素的需要量增加，并在果实迅速膨大期达到钾素吸收量的高峰。

四、南方果树的施肥原则和常用方法

1. 南方果树的施肥原则　鉴于南方果园土壤存在着"酸、旱、浅、瘦瘠、板结"等不利因素，对南方果树要掌握以下施肥原则：基肥以有机肥为主，采用有机无机相结合；大量营养元素按比例按时施用，适量施用中微量元素营养，实现平衡施肥；有机肥深施，化肥浅施；无机氮肥浅施，磷钾肥深施；春夏季节浅施（深 0.15～0.20 米、宽 0.3 米，具体可根据实际情况而定），秋冬季节深施（深度 0.3 米以上）。

2. 南方果树的施肥时期

（1）花前肥　果树在萌芽、开花时要消耗大量养分，这时如果养分供应不上，就会导致花期延长，坐果率降低。因此，在果树萌芽前要适时、适量追施好花前肥。花前肥应以速效肥料为主。

（2）花后肥　花后肥应在落花后立即进行追施，以减少果树的生理落果，促进新梢生长，扩大叶片面积，从而增强果树养分的积累和运输能力，提高果树的产量和品质。

（3）果实膨大肥　在果实膨大期，生殖生长和营养生长矛盾突出，需要消耗大量的营养物质，应及时追施适量的氮、磷、钾肥料，既可提高叶片光合作用的能力，促进养分转化、吸收和积累，又可满足果实膨大和枝叶生长对营养的需求。

（4）采果肥　此肥的主要作用是提高和增强叶片的光合作用和功能，增加树体枝叶养分的吸收、运输和后期积累，促进枝叶生长和老熟。

3. 南方果树的常用施肥方法

南方各省不同地方大概有以下几种施肥方法，包括土壤施肥、叶面施肥、靶子器官施肥和树干注射施肥等。下面主要介绍土壤施肥和叶面施肥的方法。

（1）土壤施肥　土壤施肥是果树施肥的基本和常用方法，也是补充果树所需大量营养的必要方法。主要有以下4种方式：

①环状施肥。以果树主干为中心在树冠滴水线下开环状沟（宽约30厘米、深40～50厘米左右），将肥料施入环状沟中与泥土拌匀，覆土后淋水（不宜一次性淋水太多，可少量多次，每次以湿土为宜）。环状沟可与树冠外围垂直，环状沟的直径可随果树逐年长大，逐渐向外推移（图1-1）。

②辐射状施肥。以果树主干为中心向外开辐射状沟，将肥料施入辐射状沟中与泥土拌匀，覆土后淋水（不宜一次性淋水太多，可少量多次）。施肥沟的位置要年年改变。

③沟状施肥。在树冠外围垂直的地方，在树干相对的两边开平行沟进行施肥，开沟位置方向要年年改变，如果树冠已连接，则在树行间开沟即可。沟状施肥有深沟和浅沟两种，一般施重肥、有机肥采用深沟，追肥和施化肥可采用浅

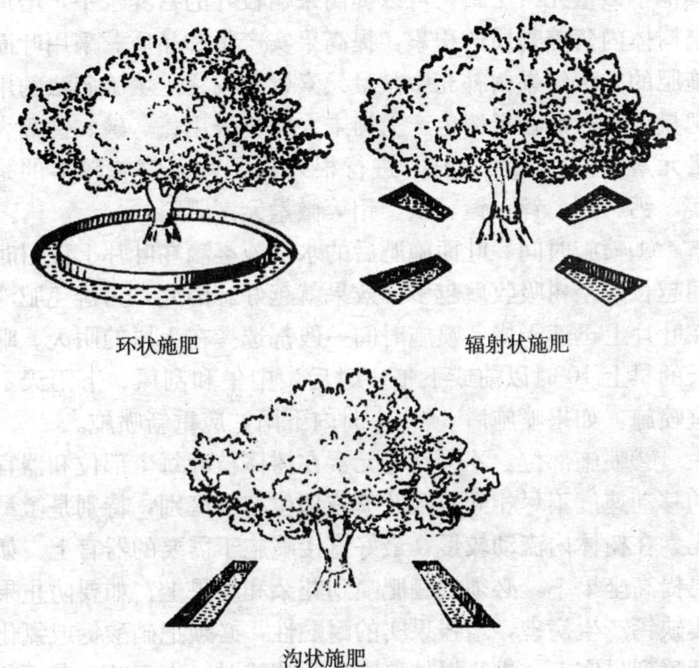

图 1-1　果树土壤施肥方式

沟。沟的深度要根据根系的分布情况来决定，深沟一般50～60 厘米，浅沟一般 15～20 厘米。

④表施。平地果园且果树根系已达到互相接触或交叉的程度可采用此种方式，一般采用撒施化肥，施肥后结合松土。这种方式省力省时，但经常使用会使根系变浅，磷肥采用表施的效果不太好，铵态氮肥会造成一定的损失。

（2）*叶面施肥*　在果树施肥措施中，配合采用叶面施肥可取得良好的效果，叶面施肥见效快、肥料利用率高，是一种有效的辅助施肥法。叶面喷施速溶速效性氮、磷、钾肥或其他中微量元素肥料，可以提高果树枝叶的营养水平，增加果树体内营养物质的积累，提高果实产量和品质。采用叶面施肥的方法给果树补充中微量元素营养较之土壤施肥法的用肥量少。目前在果树生产上尚未大面积采用氮、磷、钾等大量元素的根外叶面喷施。进行根外追肥叶面喷施较多的是镁、钙、硼、锌、锰、铁、钼等微量元素肥料。

①喷施时间。叶面施肥后的水溶液雾滴在叶片上停留时间越长，果树吸收就越多，效果就越好。因此，为避免肥液在叶片上迅速干燥，喷施时间一般都选择在无风的阴天、晴天的早上10时以前或下午4时后，中午和刮风、下雨天不宜喷施，如果喷施后3～4小时内下雨，应重新喷施。

②喷施部位。不同营养元素在树体枝叶每个部位和器官的移动速度不尽相同，因此喷施部位有所区别，特别是微量元素在树体内流动较慢，最好直接喷施于需要的器官上。如要提高坐果率，必须把硼肥喷到花朵和幼果上；如要防止果实缺钙产生病害，增强果实的耐贮性，必须把硝酸钙或氯化钙喷到果实上。进行根外追肥叶面喷施时，由于叶片背面角质层薄，气孔多，并具有疏松的海绵组织和较大的细胞间隙，有利于肥液的渗透和吸收，因此应侧重喷洒叶背。

③喷施浓度。每次喷洒量是肥液在叶片上达到欲滴未滴的状态为最佳。各种肥料喷施浓度建议为：尿素0.3%～1%，硝酸铵0.1%～0.3%，氯化钾0.3%，草木灰1%～6%，硫酸钾0.5%～1%，磷酸二氢钾0.2%～0.3%，过磷酸钙1%～3%，硫酸镁0.2%～0.5%，硝酸钙0.5%，氯化钙0.5%，硫酸锌0.1%～0.4%，硼砂0.2%～0.4%。由于各类果树不同生长时期的喷施浓度可能不同，因此，上述喷施浓度要结合当地实际情况，根据实际需要在当地农技

人员指导下在果树的各个生长时期进行合理喷施。

④喷施次数。一般每隔 7～15 天喷 1 次，喷施 2～3 次即可。对土壤中严重缺乏的微量营养元素宜多次喷施，并注意与土壤施肥相互结合；对在果树体内移动性小或不移动的养分，如铁、硼、钙、磷等，更应注意适当增加喷洒次数。

⑤喷施效果。为了使肥料液滴在叶面散开，增加分散度，扩大吸收面积，常在喷施时加入少量肥皂粉等展着剂，可增加肥液在叶片上的黏附效果，增加果树枝叶的吸收时间和吸收效果。

⑥合理进行混合喷施。微肥之间合理混合喷施，或与其他肥料或农药混喷，可以起到“一喷多效”的作用。但首先需要注意弄清肥料和农药的理化性质，通读使用说明书，并先做试验，防止发生化学反应，降低肥效或引起肥害、药害。配制混合喷施的溶液时，一般都是先把微肥配制成水溶液，然后再把其他药、肥按用量直接加入预先配制好的微肥溶液中，混合溶液宜随配随喷。

（3）水肥一体化施肥技术　水肥一体化施肥技术简单来说就是将作物所需的肥料溶于水中，通过灌溉系统向作物进行定时、定量的施肥，使作物在吸收水分的同时也吸收了养分。在对作物进行灌溉时，将肥料溶液注入灌溉输水管道中，通过压力作用将溶有肥料的灌溉水通过灌水器（如喷头、微喷头和滴头等）将肥料溶液喷洒到作物叶片上或滴入作物的根区。水肥一体化施肥技术是现代农业生产的一项重要生产技术，具有显著的节水、节肥、省工的效果。与常规施肥方法相比，水肥一体化施肥技术具有以下优点：一是可以节省施肥劳力。采用此项技术后，可以在很短时间内完成施肥任务，大大节省水肥管理的人工，如荔枝可节省人工

95%以上；二是可以提高肥料利用率和水灌溉率。开展水肥一体化施肥技术后，把肥料溶液直接输送到作物根系最发达的部位，可充分保证肥料养分被作物根系快速吸收和肥料养分的集中使用，减少肥料养分向无效区域扩散，使施肥利用效率得到大大提高，因此，肥料利用率和水灌溉率得到明显提高；三是可以灵活、方便、快速、准确地控制施肥数量和时间，并可根据作物营养生长规律有针对性地调配肥料品种和数量，做到缺什么养分就补施什么肥，从而实现精确施肥；四是可以做到施肥及时，养分吸收快速；五是有利于微量元素养分的施用和供应，减少盲目性；六是可以改善土壤环境状况。由于肥料溶液的均匀度大大提高，保持良好的水汽状态，基本不破坏原有的土壤结构，克服了畦灌和淋灌可能造成的土壤板结；七是可使作物能够在边际土壤条件下正常生长，如在沙地或沙丘等恶劣土壤条件下使作物能够正常生长；八是能提高作物抵御灾害风险的能力。近年来，我国南方地区干旱持续时间长，应用水肥一体化施肥技术可提高作物成苗率，提高作物在生长发育过程中的抗逆性及抗干旱能力；九是能够减少面源污染，保护环境。采用水肥一体化施肥技术后，可大大减少盲目施肥所造成的肥料损失和浪费，减少肥料一旦没有被作物吸收就可能被土壤固定或向地下水渗透，减少地下水的面源污染。

第二章　南方果树测土配方施肥技术简介

测土配方施肥是以土壤测试和肥效试验为基础，根据作物需肥规律、土壤供肥性能和肥料效应，在合理施用有机肥料的基础上，确定作物所需的各种主要营养的合理施肥配比，提出各种营养元素肥料的施肥数量、施肥时期和施用方法，做到缺啥补啥，满足需要，吃饱不浪费。测土配方施肥是通过平衡施肥以满足农作物生长发育所需要营养的一种新型施肥技术，能有效地将土壤供肥能力、农作物需肥特性和肥料施用紧密结合成有机的整体，调节和解决作物需肥与土壤供肥之间的矛盾，有针对性地补充作物生长发育过程中所需的营养元素，作物缺什么就补充什么元素，需要多少就补充多少，从而形成农作物精准施肥技术规范，实现了“科学、经济、高效、生态、安全”的用肥目标。测土配方施肥的实施及推广应用，改变了多年来大部分地方农民所存在的“盲目施肥”、“过量施肥”和“施肥结构不合理”的陋习，显著地减少了盲目过量施肥，实现了低碳生产和增产增收，促进了土壤、肥料、作物和人类需求的和谐、可持续发展。

一、实施测土配方施肥的意义和作用

党中央、国务院十分重视测土配方施肥的应用。2004

年 6 月 9 日，温家宝总理视察湖北省枝江市安福寺镇桑树河村时，当地农民向温总理建议政府进行化验土壤指导农民施肥时，温总理当即指示农业部抓好落实。从 2005 年起，农业部和财政部在全国范围内启动实施测土配方施肥行动，拉开了新中国成立以来覆盖范围最广、政府投入最大、发展速度最快、工作力度最深、受益农民最多的新一轮测土配方施肥工作的序幕。测土配方施肥行动已成为新时期下一项支农惠农的政策措施和农民增收的一项政府行动。推进测土配方施肥，是建设和谐社会和建设社会主义新农村的重大举措，是提高农业综合生产能力、保障农产品质量安全的关键手段，是实现农业节本增效、转变农业增长方式、建立节约型农业的重要措施，是促进农作物增产、提升农业综合效益的重要途径，是减少农业面源污染、加强农业生态环境建设、发展低碳农业的迫切需要。

实施测土配方施肥 6 年来，在农业部、财政部的领导和支持下，全国各级农业部门周密部署，精心组织，扎实工作，开拓进取，深入贯彻测土配方施肥补贴项目的惠农政策，突出主要区域和优势农作物，抓好工作重点，落实关键措施，推广技术到田，促进土壤和谐、施肥科学，推进测土配方施肥行动上规模、上水平。全国各地加强组织领导，增加资金投入；制订实施方案，抓好分类指导；落实技术规范，精心组织实施；强化示范推广，做好技术入户；创新工作方式，做好培训宣传；动员多方力量，共推测土施肥；加强市场监管，确保用肥质量。全国各省、自治区、直辖市实施范围不断拓展，到 2009 年全国基本上实现了主要农业县的“全覆盖”，总的看来，各地取得了以下几方面的成效：

1. 降低肥料成本，实现增产增收　我国从 2005 年启动测土配方施肥行动以来，水果应用测土配方施肥的面积不断扩大，如广东省从 2006 年的 25.5 万亩发展到 2009 年的 219.41 万亩，2005—2009 年累计推广水果测土配方施肥 574.65 万亩次，占全省测土配方施肥推广总面积的 4.9%，平均每亩增产 45.35 千克，增产节支 124 元，5 年间在水果方面增加总经济收益 7.1 亿元。广东省中山市黄圃镇蕉农伍伟洪在 88 亩蕉地开展测土配方施肥和传统施肥的对比试验，验收结果表明，采用常规传统施肥的香蕉平均亩产 3 740 千克，每亩施肥成本 631 元；而应用测土配方施肥后，香蕉平均亩产 4 674 千克，每亩施肥成本 555 元，比传统施肥的香蕉亩增产达 934 千克，增产 25%，每亩节约肥料成本 76 元，而且能提早十多天上市，每亩节本增效达 2 784 元，提高了蕉农的经济收益。

2. 减少化肥用量，优化用肥结构　实施测土配方施肥后，改变了部分地区农民重施、偏施氮肥的习惯，减少了不合理化肥施用量，优化了肥料施用结构，提高了肥料利用率。水果应用测土配方施肥以后，平均每亩减少不合理施肥量 5.11 千克。广东省测土配方施肥行动专家组赴全国著名水果之乡——该省高州市的长坡镇设教村进行技术指导，专家们根据当地蕉园由于多年连续施用进口肥导致土壤含磷量较高的实际情况，把蕉农们的氮、磷、钾肥施用比例从 1∶1∶1.3 调整为 1∶0.3∶1.3，每亩每造香蕉可节省磷肥 380 千克，折算每亩可节省肥料成本 190 元以上，并且反复向蕉农们讲解喷施硼肥和镁肥的技术对香蕉增产和改善品质的作用及其注意事项等，深受当地农民群众的欢迎。

3. 提高产品品质，发展生态农业　实施测土配方施肥后，实现了果树营养的基本均衡，促进了果树生长健壮，提高了水果的质量，增强了水果的抗逆性，减少了农药施用量，促进了果园生态的良性循环和生态农业发展。香蕉在应用测土配方施肥后，品质显著提高，果实固形物含量提高1.5%，可溶糖含量提高3.2%，维生素C含量提高0.72%。据对广东省高州市明河香蕉园调查表明，应用测土配方施肥技术后，香蕉一级蕉果率提高了5%～10%，提高了香蕉的市场竞争力，增加了蕉农的收入。柑橘甜度增加、酸度减少；菠萝糖分增加1.43个百分点，酸度降低0.075个百分点，而且果肉结实、纤维少、口感香甜。

实践证明，测土配方施肥是一项投入少、见效快、受益面广、农民欢迎、群众满意、综合效益显著的德政工程。

二、测土配方施肥的依据

农业生产是通过农作物进行物质和能量的转化，最终目的是要获得人类生活所需要的农产品。构成农作物所需要的物质称为营养元素，但不是作物需要的所有营养元素都要用肥料的形式提供。目前已证明作物必需的20多种营养元素中，很多可以从大气、水、土壤等渠道中获得，当这些供应渠道供应不足时或农作物生长缺乏营养元素时，就必须向农作物生长的土壤施用肥料进行补充。这些营养元素中，碳(C)、氧（O)、氢（H）可以从空气和水中获得，一般不需要以肥料的形式提供；氮（N)、磷（P)、钾（K）这3种营养元素在作物体内含量最多，吸收也较多，占干物质的百分之几到千分之几，称为“大量元素”，经常需要用肥料的形式进行补充；钙（Ca)、镁（Mg)、硫（S)、硅（Si）这

4种营养元素在作物体内含量次之，称为“中量元素”，当作物不足时，也需要施用肥料进行补充；而硼（B）、锌（Zn）、铁（Fe）、锰（Mn）、铜（Cu）、钼（Mo）、氯（Cl）等这些元素，作物需要量很少，占干物质的万分之几到十万分之几，称为“微量元素”，一般的土壤中可以满足作物的需要，只有在某些土壤中缺少某种微量元素时，或某种作物对某种微量元素特别敏感，才应相应的补充施用这种微量元素肥料（俗称“微肥”）。习惯上，我们经常把中量元素和微量元素合称为“中微量元素”。正是由于农作物合成营养物质的需要以及土壤中有效营养元素含量的不足，测土配方施肥才应运而生。测土配方施肥主要有以下施肥理论（学说、定律）作为依据。

1. 矿质营养理论（学说）　作物生长除需要光照、水分、温度和空气等环境条件外，还需要氮、磷、钾、钙、镁、硫、硅、铜、锌、铁、锰、硼、钼、氯等必需营养元素。每种必需元素均有其特定的生理功能，相互之间同等重要，不可替代。矿质营养理论（学说）是德国著名化学家李比希提出来的，对促进农业生产的迅速发展、农产品产量的迅速提高，以及推动当时世界化肥工业的发展都起到了重要作用。

2. 养分归还学说　作物收获从土壤中带走大量养分，使土壤中的养分越来越少，地力逐渐下降。为了维持地力和提高产量应将作物带走的养分适当归还土壤。这个学说揭示了在进行农业生产活动时，用地与养地同等重要，如果只用地而轻养地，是掠夺式的生产，最终导致地力下降和产量下降，长久下去，会导致土地生产能力难以为继。

3. 最小养分律　作物为了生长发育需要吸收各种养分，

但是决定作物产量的却是土壤中那个相对含量最小的有效作物生长因素，产量也在一定限度内随着这个因素的增减而相对变化，即使继续增加其他养分也难以再提高作物产量。最小养分因素不是固定不变的，会随作物产量和施肥水平等条件的改变而变化。最小养分律也是由李比希在1843年提出来的（图2-1）。

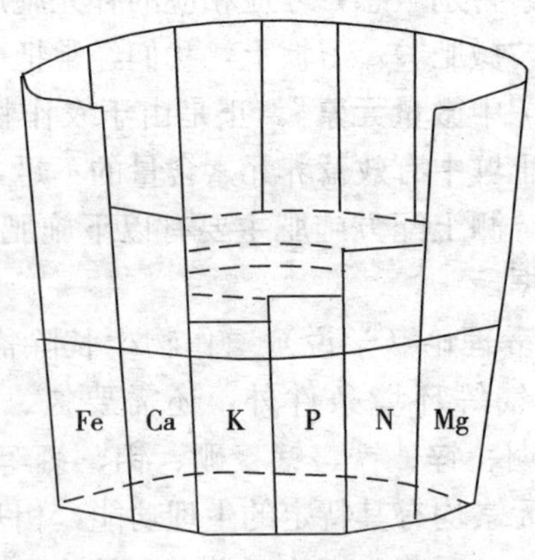

图2-1 最小养分律示意图

4. 报酬递减律 在其他技术条件相对稳定的条件下，在一定施肥量范围内，作物产量随着施肥量的逐渐增加而增加，但单位施肥量的增产量却呈递减趋势。施肥量超过一定限度后将不再增产，甚至造成减产。报酬递减律最早在18世纪后期由欧洲经济学家杜尔哥和安德森同时提出，并由米采利希等人在20世纪初期加以丰富和发展，使农业生产上肥料的施用由过去的经验施肥向定量施肥发展，这是世界农业化学发展史上的大事。

5. 同等重要律 不论大量元素还是中、微量元素，对农作物来说，都是同样重要，缺一不可，缺少了某一种微量元素，尽管它的需要量仅百万分之几，就会产生微量元素缺素症而导致减产或产品品质的下降。

6. 不可代替律　作物需要的各种营养元素，在作物体内都有着一定的功能，相互之间不能互相代替，缺少什么营养元素，就必需施用含有该营养元素的肥料。比如钾缺少了，不能用施磷来代替，甚至不能用和其化学性质相似的钠来代替，这时必需施用钾肥才能满足农作物的需要。

7. 限制因子律　增加一个因子的供应，可以使作物生长增加。但在遇到另一个生长因子不足时，即使增加前一个因子，也不能使作物增产，直到缺少的因子得到满足，作物产量才能继续增长。限制因子律的意义在于它是最小养分律的扩大和延伸，扩大到养分以外的因子，施肥既要考虑各种养分供应状况，又要注意各种相关的环境因素，包括土壤物理因子（有的也称间接因子，如土壤质地、成土母质、土壤物理结构、酸碱度、通气情况、有机质、耕作层厚度、土壤含水量以及是否含有土壤有害物质等）和外来因子。外来因子包括技术因子（如作物品种、栽培耕作条件、施肥等）和气候因子（如光照强度、时间长短、气温高低、土壤积温、风雨情况）等等。限制因子律是英国布来克曼 1905 年在最小养分律的基础上提出来的。

8. 因子综合作用律　作物生长受水分、养分、光照、温度、空气、品种以及耕作条件等多种因子制约。施肥仅是作物增产的措施之一，补充养分应与其他增产措施密切配合。各种肥料养分之间的配合施用，必须因地制宜才能取得更好的效果。因子作用律的直接体现是在土壤供肥性能上，正是各种因子的相互作用和制约，才导致各种不同类型土壤供肥性能的差异。各种养分配合施用会产生养分之间的相互作用效应，这种交互作用可出现3种情况：一是正的相互作用效应（当两种养分同时施用以后，对农作物的增产作用大于两种养分单独施用对作物增产的效应之和），二是没有相互作用效应，三是负的相互作用效应（当两种养分同时施用以后，对农作物的增产作用小于两种养分单独施用对作物增产的效应之和）。

以上这些施肥理论（学说或定律），正确地揭示了世界农业生产发展过程中植物营养与合理施肥方面的规律性，虽然每个理论、学说和定律在经过每个时期的发展后就可能显示出它的局限性或不足，但由于它们反映了施肥过程中存在的客观事实，至今仍然是指导施肥的基本原理。依照这些原理，测土配方施肥技术要遵循以下三大施肥原则：有机与无机相结合，大、中、微量营养元素配合，用地与养地相结合。

三、测土配方施肥的发展

测土配方施肥技术是目前国际普遍采用的一项先进科学施肥技术，欧、美以及日本等发达国家已广泛使用。美国20世纪60年代就已经建立了比较完善的测土施肥技术，目前的覆盖面积达到80%以上，大部分州已制订测试技术规范，精准施肥已从试验走向普及应用，23%以上的农场已经采用了精准施肥技术，佛罗里达州、加利福尼亚州已建立起70余个商业性营养诊断实验室，为80%的柑橘园进行叶片诊断，提供施肥服务。英国农业部制订了推荐施肥技术手册，德国和日本也广泛推广测土配方施肥技术，巴西、西班牙、意大利、澳大利亚、新西兰等国也已开展果树叶片诊断指导施肥的商业性应用。

我国自1901年开始使用化肥，至20世纪末期初步建立适合我国农业状况和特点的测土配方施肥技术体系，期间经历了艰苦而又漫长的探索。1930—1940年间，我国对14个省68个点进行地力测定；20世纪50—70年代，各地开展了氮、磷、钾和微量元素肥料的肥效研究和推广应用；80年代初起，全国各地利用第二次土壤普查成果，并针对施肥中存在的“三偏”（偏施氮肥、用量偏多、施肥偏迟）和氮、磷、钾比例失调等问题，经过试验探索，提出了“因土施肥”、“计氮器施肥”、“诊断施肥”、“控氮增磷钾”、“氮磷钾合理配比”等多种科学施肥技术，1983年，农业部在广东省湛江地区召开了全国因土配方施肥工作会议，对广东省配方施肥工作给予了肯定和高度评价，认为广东的因土配方施肥做法路子对头，目标明确，方法可行，增产效果好，并在总结各省、自治区、直辖市科学施肥试验示范经验的基础上，将各地采用的科学施肥方法统称为“配方施肥”。1986年，农业部对各地的配方施肥方法和经验进行了系统总结，根据植物营养学基本原理以及产前定量指导施肥作为科学依据，将各地采用的配方施肥技术归纳为地力分区法、目标产量法（包括养分平衡法和地力差减法）、田间试验法（包括肥料效应函数法、养分丰缺指标法、氮磷钾比例法）三大类6种基本方法，并逐步建立起科学施肥技术体系，为后来实施测土配方施肥积累了较好的经验。从2005年起实施测土配方施肥以来，我国农作物施肥技术真正做到从经验上升为理论，从定性发展到定量，从感官判断发展到应用仪器测试，从经验习惯发展到精准科学。

四、测土配方施肥的应用

由于果树种类多，每个种类水果中的品种又较多，加上我国南方种植果树的土壤类型较多且复杂，因此，果树应用测土配方施肥比其他作物要复杂得多，同时应该看到，果树开展测土配方施肥有着广阔的前景，潜力很大。根据测土配方施肥的共性，果树开展测土配方施肥必须在具体果树种类（如香蕉、柑橘、荔枝或龙眼等类型）种植在不同土壤类型条件下开展土壤、植株的采样检测，田间肥效试验，并根据果树不同生长时期的需肥规律，研究每种果树在不同生长时期的最佳施肥量，得出其主要养分的施肥配方、丰缺指标和施肥指标体系，进而开展向农民提供测土配方施肥指导。

1. 作物需肥规律、土壤供肥性能和肥料效应三者的关系 根据测土配方施肥的定义，测土配方施肥是以作物需肥规律、土壤供肥性能和肥料效应作为依据的。土壤供肥和施用肥料，都是为了维持作物生长过程中不断发育的需要，一般来说作物养分需要是相对固定的，某个作物品种都是有相对固定的养分需求规律，因此在弄清掌握土壤的供肥能力以后，就可以根据作物的营养需要来确定增施什么肥料和增施多少肥料。但是，作物需肥规律、土壤供肥性能和肥料效应这三者是处在动态的平衡中：①作物需要的肥料养分不但因作物品种不同，而且会由于土壤供肥能力的高低而影响到作物对养分的吸收，从而影响到农作物的产量，这时对所施用的肥料和施用方法也会不同；②土壤供肥性能因作物品种及不同土壤的供肥能力不同而有差别，施肥是否合理（包括施肥时期、数量、品种和方法等）就会影响到土壤供肥性能潜力的发挥。有的土壤还受间接因素的影响（如土壤 pH、含水量等），而抑制肥力的正常发挥；③肥料效应是肥料对作物产量和品质的作用效果，通常以施用肥料单位养分量所得到的作物增产量和效益来表示，这种效应可以是正的效应、零效应或者是负的效应。施用肥料的数量、品种和作用，不但受土壤供肥性能的影响，而且还受作物品种特性的制约。因此，协调好以上三者的关系，才能提出科学合理的肥料施用量。

2. 土壤供肥性能的确定　土壤供肥性能就是土壤协调水、肥、气、热等因素以供应农作物生长需要的营养物质的能力。影响土壤供肥性能的因素包括营养因子（直接因子）、物理因子（间接因子）和外来因子（包括技术因子和气候因子）。营养因子（直接因子）是指土壤中含有农作物需要的营养元素，它们含量丰富，肥力就高，如各种大量元素和中微量元素，是影响土壤供肥性能的直接因子，所谓测土就是需要检测出土壤中上述营养元素的含量，物理因子中很多因子也是可以通过检测来进行量化的。下面介绍样品采样和分析。

（1）采样　采样包括土壤和植株样品的采集。由于我国南方地区果树可分布在水田、山地、丘陵、坝地、河滩等地，果园土壤呈现多样性，如果土壤采样方法不正确，则容易出现因土壤养分分布不均导致所采集的样品没能正确反映该地块的土壤养分，因此，为了使采集的果园土壤样品具有代表性和可比性，果园土壤要根据土壤采样原则结合种植地块的实际进行采样。

根据土壤类型、土地利用、耕作制度、产量水平等因素，将采样区域分为若干个采样单元，采集每个采样单元的土壤。

①采样单元。由于南方果园土壤差异性较大，因此在采样前，必须根据采样要求，详细了解采样区域的种植地块、土壤类型、肥力等级、产量水平和地形地貌等因素，之后将采样区域划分为若干个采样单元，每个采样单元的土壤性状要尽可能均匀一致。

采样集中在位于每个采样单元相对中心位置的典型地块（同一农户的地块），采样地块面积为1～2亩。有条件的地区，可采用GPS定位，记录经、纬度，精确到0.1″。

②采样时间。在水果作物果品采摘收获后至第一次施肥（有的地区称为采果肥）前采集，幼树及未挂果果园，应在清园扩穴施肥前采集。

③采样周期。同一采样单元，如果是检测无机氮及植株氮营养快速诊断，由于氮素营养在土壤或植株体内变化较快，因此最好是每个生长周期、每季或每年采集1次；如果是检测土壤有效磷、速效钾等项目的，由于磷、钾在土壤中变化没有氮素那么快，一般可以采取2～3年采集1次；由于中、微量元素在土壤中变化不快，因此如果是检测中、微量元素，一般可以采取3～5年采集1次。

④采样深度。由于果树须根系发达，一般达到0～60厘米左右，为了正确反映果园土壤养分的代表性，果园土壤采样深度一般分为0～20厘米、20～40厘米两层分别采集。对于不同果树，采样深度可以不一样。属木质根的柑橘、梨、李等，由于根系扎得深，可分为3层取土样，第一层0～20厘米，第二层21～40厘米，第三层41～60厘米；若是肉质根水果（如猕猴桃等）根系分布浅，取第一层0～20厘米，第二层21～40厘米；对浅根系水果（如草莓）的采

样深度更浅，取样深度 0～20 厘米即可。

⑤采样点数。在每一个采样单元内，选取生长较为均匀的 10 株果树，在每株树体周围的东、南、西、北 4 个方向，以主干为中心圆点向外延伸到树冠边缘的 2/3 处采集，每株果树对角线采取 2 个样点。

⑥采样路线。采样时应沿着一定的线路，按照“随机”、“等量”和“多点混合”的原则进行采样。一般采用 S 形布点采样。在地形变化小、地力较均匀、采样单元面积较小的情况下，也可采用“梅花”形布点取样。要避开路边、田埂、沟边、肥堆等特殊部位。平地果园可采用对角线方法，梯田或山地果园可采用 S 形或“梅花形”路线采样。

⑦采样方法。每个采样点的取土深度及采样量应均匀一致，土样上层与下层的比例要相同。取样器应垂直于地面入土，深度相同。用取土铲取样应先铲出一个耕层断面，再平行于断面取土。所有样品都应采用不锈钢取土器采样，特别是测定微量元素的样品，必须使用不锈钢取土器。

⑧样品量。混和土样以取土 1 千克左右为宜，长期保存备用，可用四分法将多余的土壤弃去。方法是将采集的土壤样品放在盘子里或塑料布上，弄碎、混匀，铺成正方形，划对角线将土样分成 4 份，把对角的两份分别合并成一份，保留一份，弃去一份。如果所得的样品依然很多，可再用四分法处理，直至所需数量为止。

⑨样品标记。采集的土壤样品放入样品袋，用铅笔写好标签，内外各一张。采样标签要注明采样编号、采样时间、采样地点、农户名、地块名、地块所属位置、采样深度、经度和纬度、采样人和联系电话。

（2）*土壤样品制备和土壤测试方法*　与其他土样制备和

测试方法一样，详见《测土配方施肥技术》等有关书籍。

(3) *果树叶片营养状况分析测定* 近些年来，在部分高校科研单位开展了果树叶片营养状况分析测定工作，作为果树营养诊断和提供果树施肥指导的依据之一和辅助手段之一。但由于果树各营养生长发育阶段的叶片营养状况不同，果树叶片营养状况分析如何才能正确反映果树的营养需求，果树叶片营养状况分析测定结果如何与果树营养诊断和提供果树施肥指导取得较为紧密的相关性，这项工作仍在不断完善中。

①叶片采样。采集果树叶片时，要求采集叶片样品的时期、标准等条件基本一致，即使是同一个果树园内，也要求选择品种、砧木、树龄、树势以及园地的土壤类型等条件基本一致的植株上采样，以降低测定结果的误差。

②采样时间。由于果树各营养生长发育阶段的叶片营养状况不同，不同生长时期的叶片营养水平与果树整个个体生长关系较大，因此，果树叶片采样具体时间可根据不同水果品种的物候期而定。如为了得出采果肥的需求量，可在水果作物果品采摘收获后至第一次施肥（有的地区称为采果肥）前采集叶片样品，幼树及未挂果果园，应在清园扩穴施肥前采集。

③采样方法。采集果树叶片样品要随机进行，通常要采集果树树冠外围中部发育中等的5～7月龄的春梢营养枝，从基部数起，第四片以上的叶片作为叶样。

④叶片数量。在采集果树叶片样品时，采用对角线方法在每一个采样单元选择25株果树，摘取4个方向叶片，每株4片叶，共采集100片叶。

⑤样品处理。在采集果树叶片后，要及时对叶片进行处理。首先是冲洗果树叶片，去除果树叶片上的污物、灰尘。

如果是测定氮、磷、钾、钙、镁等大、中量元素，先用清水或肥皂水将叶片清洗干净后，用蒸馏水漂洗 2～3 次即可；如果是测定微量元素，则需先将叶片放在 3%的盐酸溶液中浸泡 2 分钟，接着用清水冲洗，再用蒸馏水或去离子水漂洗至中性为止。

⑥样品制备。将清洗干净的叶片样品放在烘箱中，在 105℃下烘 15～20 分钟进行杀酶处理，然后在 70～90℃下烘干。烘干后的叶片再进行研磨，研磨的细度必须保证大多数的颗粒能通过 60 目（孔径 0.25 毫米）的尼龙筛。如果是分析测定大、中量元素，一般用瓷研钵进行研磨即可；如果是分析测定微量元素，要选择避免不含微量元素污染的研磨器，最好选用玛瑙磨具进行研磨。

⑦测定方法。测定方法与土壤养分测定方法相同。目前各元素的测定方法很多，通常氮用凯氏定氮法，磷用钼蓝比色法，钾、钙、镁、铁、铜、锌等元素用原子吸收法，硼用姜黄素比色法。

3. 肥料效应　肥料效应田间试验是获得水果作物最佳施肥数量、施肥品种、施肥比例、施肥时期、施肥方法的根本途径，也是筛选、验证土壤养分测试方法、建立果树施肥指标体系的基本依据和重要基础。通过开展果树作物的田间肥效试验，掌握各个施肥分区内不同果树品种的优化施肥数量，基、追肥分配比例，施肥时期和施肥方法；摸清土壤养分校正系数、土壤供肥能力、不同果树品种的养分吸收量和肥料利用率等基本参数；构建果树施肥模式和科学施肥指标体系，为果树施肥分区和设计肥料配方提供依据，实现果树施肥结构改善，提高水果产量和质量。

由于果树是多年生植物，开展肥料效应田间试验时容易受果树原来耕作条件（特别是前些年施肥情况）的影响而导致试验结果的不准确，因此，开展果树肥料效应田间试验前，选地很重要，同时为了保证试验的准确性，要求在同一块试验地中必须连续试验 3 年以上，才能正确反映果树在不同土壤养分状况下的养分吸收规律，才能依此提出果树最佳施肥数量、施肥品种、施肥比例、施肥时期和施肥方法。下面以柑橘为例，说明柑橘肥料效应田间小区试验的方法。

（1）试验处理设计

①试验处理。根据柑橘主产省份果园土壤养分状况和已有调查资料，结合主要柑橘品种生长特性和养分需求特点，采用目前国内外应用较为广泛的“3414”不完全方案，“3414”中的“3”表示施肥因素，即氮、磷、钾 3 种肥料；“4”表示每种肥料有 4 个施肥水平，即 0 水平是指不施肥，2 水平是指当地最佳施肥量的近似值，1 水平＝2 水平×0.5，3 水平＝2 水平×1.5；“14”表示有 14 个试验处理。此不完全方案选用 14 个处理中的部分处理，增加施用中微量元素处理，形成小区试验处理如表 2－1，每个处理设置 3 次重复。

表 2－1　柑橘肥料效应田间小区试验处理

试验编号	处理	N	P	K
1	$N_1P_2K_2$	1	2	2
2	$N_2P_2K_2$	2	2	2
3	$N_2P_2K_1$	2	2	1
4	$N_2P_2K_3$	2	2	3
5	$N_3P_2K_2$	3	2	2
6	$N_2P_2K_2Mg$	2	2	2
7	$N_2P_2K_2B$	2	2	2
8	$N_2P_2K_2Mo$	2	2	2
9	$N_2P_2K_2MgBMo$	2	2	2

2水平（接近当地最佳施肥水平）的确定方法。首先对在本县（市、区）近年开展的柑橘试验数据进行统计分析，总结出本县（市、区）的适宜肥料用量范围，具体根据土壤测定结果、试验树去年产量水平及本年度预计目标产量的最佳经济施肥量设定为“2”水平。以蕉柑为例，在土壤速效钾中等及有效镁严重缺乏的蕉柑果园，为获得约亩产5 000千克的高产，适宜的氮肥亩用量为65～70千克纯氮，为获得亩产4 000千克左右的产量，建议纯氮亩施用量为55～60千克。再根据“2”水平的肥料施用量进一步计算“1”水平和“3”水平施用量。氮、磷、钾养分“2”水平施用比例维持在$N:P_2O_5:K_2O=1:0.3\sim0.35:0.8$。处理6镁肥用量以蕉柑为例说明（供参考），在缺镁严重蕉柑果园，为获得株产35千克蕉柑，每株适宜施镁量约为40克，株产45千克蕉柑，每株适宜施镁量约为50克。如预计产量提高，应适当增加施镁量。沙田柚施镁量可与蕉柑相同，沙糖橘等其他小型果实柑橘可在蕉柑施镁量基础上减少1/3。处理7指在施用氮、磷、钾肥基础上喷施0.2％硼砂，处理8在施用氮、磷、钾肥基础上喷施0.02％钼酸铵。处理8是指在施用氮、磷、钾、镁肥基础上喷施0.2％硼砂＋0.02％钼酸铵。3个喷施处理均在花前、谢花后及果实膨大期喷施，共喷施3～4次。每次喷施以叶片刚好形成水滴即可。与此同时，处理1～5喷施同量的清水。

②试验田块地点的选择。试验地点要尽量选择在地势平坦（但不易遭水浸）或坡度均匀、土壤肥力和产量均为中等水平的当地典型果园进行。要尽量避开建筑物、水塘、肥坑、道路等，但也不宜太偏远造成管理、观察记录和参观不便。

③试验处理小区要求。每个小区选择6～8株树体长势接近的柑橘树，如遇病树或其他杂树，应避开。如试验果园地处坡地，则应保证同一重复间试验树为等高种植。每一小区插标牌或竹签，清楚标出处理号、重复号和肥料施用量。每株树要挂一小牌，标明处理号。试验树要做好每次施肥和喷药的记录。

（2）试验实施　在选定试验田块后及时采集土壤样本供分析用。值得注意的是，本试验需要根据土壤检测结果，针对土壤缺乏的营养元素（尤其是中、微量元素），施用适量相应缺乏的营养元素肥料后进行。本试验不施有机肥，所有肥料均用化学肥料。施肥时期、施用量及方法如下：氮、磷、钾、镁可分春梢肥、谢花保果肥、攻秋梢肥及1～2次壮果肥施入。每次肥料施用量由试验实施者根据树体实际长势确定，但每次氮、磷、钾施用的比例为 $N:P_2O_5:K_2O=1:0.3\sim0.35:0.8$。每次施肥在树冠滴水线下开对称沟或放射性沟（深约10～15厘米），撒入肥料后盖土，并适当淋水。如为高畦深坑方式种植柑橘，则在雨后撒施肥料或撒施肥料后适当淋水。注意不要把肥料冲入坑中。

（3）调查分析项目　土壤样本需检测pH、有机质、碱解氮、有效磷、速效钾、有效钙、有效镁、有效硫、有效锰、有效硼、有效锌和有效钼含量。

在收获期采集每个小区中等大小果实样本。小型果实如沙糖橘、年橘等，每个小区每株分别采集8～10个果实，中型果实如蕉柑等，每个小区每株采集6～8个果实，大型果实如沙田柚等，每个小区每株采集4～6个果实。每个小区每株采集的果实样本混合成为一个小区果实样本。同时，在收获期记录每株试验树产量。如试验树分多次收获，也可在果实成熟初期记录每株试验树挂果数，在大量收获时期采集果实样本后计算单果重，以挂果数乘以单果重计算株产。采集果实样本后调查其农艺性状（表 2-2），并测定其果实品质（表 2-3）。试验结束后，填写经济效益分析（表 2-4）。

表 2-2　不同施肥处理柑橘果实农艺性状调查

处　理	结果数（个/株）	单果重（克）	横径（厘米）	纵径（厘米）	皮肉比
$N_1P_2K_2$					
$N_2P_2K_2$					
$N_2P_2K_1$					
$N_2P_2K_3$					
$N_3P_2K_2$					
$N_2P_2K_2Mg$					
$N_2P_2K_2B$					
$N_2P_2K_2Mo$					
$N_2P_2K_2MgBMo$					

表 2-3　不同施肥处理柑橘果实品质调查

处　理	固形物（%）	可溶糖（%）	每 100 克果实含维生素 C（毫克）	有机酸（%）	糖/酸
$N_1P_2K_2$					
$N_2P_2K_2$					
$N_2P_2K_1$					
$N_2P_2K_3$					
$N_3P_2K_2$					
$N_2P_2K_2Mg$					
$N_2P_2K_2B$					
$N_2P_2K_2Mo$					
$N_2P_2K_2MgBMo$					

表 2-4 不同施肥处理柑橘经济效益分析

处 理	产量（千克/小区）				产量（千克/亩）	肥料成本（元/亩）	其他成本（元/亩）	利润（元/亩）
	重复 1	重复 2	重复 3	平均				
$N_1P_2K_2$								
$N_2P_2K_2$								
$N_2P_2K_1$								
$N_2P_2K_3$								
$N_3P_2K_2$								
$N_2P_2K_2Mg$								
$N_2P_2K_2B$								
$N_2P_2K_2Mo$								
$N_2P_2K_2MgBMo$								

注：其他成本包括地租、雇工、农药等所有生产成本。

（4）栽培管理　试验小区均按常规进行管理。及时中耕除草，灌溉排水，做好病虫害防治工作，确保各小区所有管理措施一致。并记录试验期间特殊气候变化等情况，如遇开花期和果实成熟期等生育期连续下雨等恶劣天气影响，导致大量裂果和落果情况应一并记录。

第三章 柑橘测土配方施肥技术

柑橘果实营养价值高，富含糖类、矿物质、有机酸和多种维生素，其中的维生素 C 和维生素 P 在医药上的利用价值很高。果实除鲜食外，还可加工制罐头、果汁、果酱、蜜饯和果胶、酿酒等。此外，幼果、果皮、种子、叶片和花都是常用的药材，花和叶可提取高级香精。

我国柑橘栽培历史悠久，种植分布地域广，不仅品种繁多，而且栽培经验也十分丰富，包括柑橘类、橙类、柚类和柠檬类 4 种类型。据有关资料记载，我国栽培柑橘的省（直辖市、自治区）有 20 个（不含台湾省）。20 世纪 90 年代以来，柑橘生产加快向优势区域集中，目前湖南、江西、四川、福建、浙江、广西、湖北、广东、重庆 9 个省（直辖市、自治区）的种植面积和产量分别占全国的 94%和 95%。2000 年全国柑橘面积已达 1 907 万亩，产量 878 万吨。2008 年，南方柑橘种植面积 883.1 万亩，总产量 543.3 万吨，总产值 97.8 亿元，其中广东省面积最大，达 326.6 万亩，总产量达 231.3 万吨，总产值 46.3 亿元；四川省 149.5 万亩，产量 60.4 万吨，产值 7 亿元；湖南省 143.5 万亩，产量 47.2 万吨，产值 7.4 亿元；福建省 79.9 万亩，产量 78.9 万吨，产值 14.4 亿元；广西壮族自治区 74.9 万亩，产量 60.6 万吨，产值 10.6 亿元；云南省 71.6 万亩，产量

54.1万吨，产值9.5亿元；贵州省31.8万亩，产量7.1万吨，产值1.8亿元。目前，我国柑橘面积居世界第一位，是所有果树中种植面积最大的水果，产量居第三位，是仅次于巴西（2 399万吨）和美国（1 570万吨），是第三大柑橘生产国。

改革开放以来，我国柑橘产业迅猛发展，已经成为我国南方农村经济的一大支柱产业，是农民脱贫致富的重要经济来源。近十年来，通过品种结构调整、高接换种等品种优化技术，苗木无毒化处理和繁殖，栽培技术的标准化和规范化等一系列技术措施，特别是在地方品种的发掘、杂交育种以及引进国外优良品种方面做了大量的工作，一些名、特、优、新品种有了一定发展。如重庆锦橙、江西南丰蜜橘、福建椪柑、广西和广东梅州沙田柚、浙江本地早橘、广东湛江红江橙和平远脐橙、广东潮汕蕉柑、粤西沙糖橘、湖南冰糖橙与无核椪柑、四川安岳柠檬等。此外，从国外引进的脐橙在江西、湖北、重庆、四川、湖南和广西等省（直辖市、自治区）已建成初具规模的商品生产基地。品种类型和熟期结构均有所改善，产量和品质得到大幅度的提高，外观商品性有了明显改善，口感、风味更加适应消费者的需求，涌现出一批国家级、省部级优质或名牌产品，增加了市场竞争力。

2003年，农业部在《柑橘优势区域发展规划》中，将长江上中游柑橘带、赣南—湘南—桂北柑橘带和浙南—闽西—粤东柑橘带以及一批特色柑橘生产基地（简称“三带一基地”）确定为柑橘优势区。这些优势区是我国柑橘的集中产地，其产量已占全国柑橘总产量的45%，优质果率达35%。通过改良品种、优化结构、改善品质、提高单产、突出采后加工、强化市场营销，构建现代化柑橘产业体系，力争将我国南方柑橘优势区建设成为世界重要的柑橘产业基地。

一、柑橘的营养生长特性

柑橘是典型多年生常绿果树，整个生长周期可分为幼龄树、成年树和老年树3个阶段。一年中又可分为抽梢期、花芽期、幼果期、果实成熟期等，各主要生长器官的生长特性如下：

根是吸收养分的主要器官，并有固定树体的作用。培养深、广、密的根群，是柑橘丰产的重要基础。根与树冠的生长发育有上下对称的现象，一般树冠高的根系较深，根系的分布广度、深度与品种、砧木、繁殖方法、土壤条件等有密切的关系，根在一年中有几次生长高峰，与枝梢生长高峰成相反消长。

柑橘的芽是复芽，没有顶芽，只有侧芽生长在叶腋中，在营养充足时，可萌发2～6个芽，一年能发芽多次。芽的形成与枝条内部营养状况和外界环境条件有密切的关系，早春温度低，养分不足，所以春梢基部的芽不大充实，往往成为隐芽；夏季高温多湿，营养生长旺盛，枝粗叶大，也往往形成不充实的芽。立秋前后（在广东地区）气候温和，雨量适中，枝梢健壮，形成的芽也健壮充实。晚秋和冬季气温下降，气候干旱，所发的芽也不够充实，徒耗养分。

柑橘一般有明显的主干，是根、冠养分输送的交通要道，粗大的主干可以形成丰产的树冠。柑橘的枝梢又分为花枝和营养枝，这两种枝梢往往转化交替生长，其比例失掉平衡就会出现大小年结果现象。根据生长时期不同，可分为春梢、夏梢、秋梢和冬梢，由于气候条件不同，枝梢的生长结果习性也不同，因此，根据不同种类、品种的特性和土壤地势条件来采取合理的整形修剪，培育丰产树冠，是夺取丰产的重要措施。一般来说，春梢是良好的结果枝和营养枝，幼龄树可充分利用夏梢加速形成树冠，而结果树的夏梢要加以控制，秋梢是优良的结果母枝，而冬梢影响正常花芽分化，要加以控制和修剪。

叶是进行光合作用制造养分和贮藏养分的重要器官，有40%的氮素营养贮藏在叶片中。叶片表面，特别是背面有很多气孔，是呼吸、蒸腾的通道，营养物质也可以通过气孔和叶表皮细胞进入树体，因此可以采用叶面喷施氮、磷、钾及其他中、微量元素营养液作为根外追肥。

柑橘一般自花授粉结果，但沙田柚自花不易结实，异花授粉可以明显地提高产量。果实生长发育时间长，其发育阶段分为：①幼果期，从花谢后至落果基本结束为止；②果实膨大期，从生理落果基本停止后开始至果实开始着色为止；③果实着色成熟期，从果实开始着色至橙红色完全成熟为止。

二、柑橘的营养需肥特性

柑橘的生长发育需要碳、氢、氧、氮、磷、钾、钙、镁、硫和多种微量营养元素。除去碳、氢、氧来源于空气和水以外，其余营养绝大部分依靠土壤供应。分析柑橘的叶片，氮、磷、钾、钙、镁、硫 6 种元素可占叶片干物重的 0.2%～4.0%。每生产 1 000 千克果实，需要氮（N）1.18～1.85 千克、磷（P_2O_5）0.17～0.27 千克、钾

(K_2O) 1.70～2.61 千克、钙 (CaO) 0.36～1.04 千克、镁 (MgO) 0.17～1.19 千克。硼、锌、锰、铁、铜、钼等微量元素的含量约为 10～100 毫克/千克。无论大量元素还是微量元素，在柑橘的新陈代谢过程中，都有其特殊的功能，相互不可代替。如果其中某些营养元素的过多或过少，都会引起营养失调，从而容易出现各种生理性的营养障碍。柑橘施肥的目的就是调节树体内各种营养的平衡，使营养生长和开花结果相协调，既要培育健壮的树体，又要达到优质、高产的目的。根系吸收养分除供果实外，还有大量积累在树体中，其数量约为果实吸收总量的 40%～70%。柑橘对氮、磷、钾的吸收，随物候期不同而变化。新梢对氮、磷、钾三要素的吸收，由春季开始迅速增长，夏季达高峰，入秋后开始下降，入冬后氮、磷的吸收基本停止，接着钾的吸收也停止。果实对磷的吸收，从仲夏逐渐增加，至夏末达高峰，以后趋于平稳；氮、钾的吸收从仲夏开始增加，秋季出现最高峰。

柑橘在一个生长周期中需肥量较大，而我国南方大部分柑橘园种植在丘陵、坝地、河滩以及部分水田，土壤多呈强酸，土壤养分容易缺乏，土壤氮、磷、钾养分供应不足状况非常普遍，中微量营养元素普遍缺乏，加上在不同时期生长阶段和生长时期对养分种类和数量的需求不同，因此需要通过施肥进行补充土壤中养分的不足。

三、营养元素的作用及缺素症状

柑橘所需要的各种主要营养元素的功能及缺素症状介绍如下：

1. 氮营养　柑橘树体内的氮，以叶片的分配比例最高，约占35%～40%，枝干次之，为26%～28%，根和果实中最低，大致在10%～23%。叶片中含氮量对产量和品质有明显的影响。亩产3 000千克以上温州蜜橘，叶片含氮量均为27～31克/千克，亩产1 500千克以下，叶片含氮量只有15.8～22.3克/千克。如果叶片中氮素供应不足，叶片含氮量低，新梢短小细弱，叶片小，叶绿素少，呈现黄绿色，干径增长量小，产量低，果实含酸量高，含糖量低，着色也较差；含氮量过高，干径增长量也减少，果皮增厚，产量降低。同时，氮过多时，树体内形成大量赤霉素，抑制乙烯的生成，从而使花芽的形成受阻，导致产量降低。此外，温州蜜柑的浮皮果也因施氮过多而加重，特别是在果实发育后期尤为明显。分析柑橘叶片含氮量，可以判断氮素营养供应状况。叶片含氮的适宜量，温州蜜橘为25～30克/千克，柑为28～32克/千克，甜橙为25～30克/千克。

2. 磷营养 树体内的磷，以花、种子及新梢、新根的生长点等器官含量高，而枝干部分含量低。在不同生育期，因其生长中心不同，器官中的含磷量也有变化。开花期以花中含磷量最高，谢花、幼果期以新抽生的嫩叶最多，果实形成并开始膨大以后，则以果实和新叶为多。在柑橘生长过程中，如果磷素供应不足，会导致新梢和根系生长不良，花芽分化少，果实汁少味酸；如果磷素供应充足，枝条生长充实，根系生长良好，花芽形成多，果皮薄而光滑，色泽鲜艳，风味甜品质好，不仅可以提早成熟，也较为耐贮藏。但如果磷素供应过多，由于元素间的拮抗作用会使柑橘表现缺铁、锌或铜的症状。磷在柑橘体内的分配和氮类似，分析柑橘叶片含磷量可以判断磷素的供应状况。叶片含磷的适宜量，温州蜜橘为1～2克/千克，柑橘为1.2～1.8克/千克，

甜橙为1.2～1.8克/千克。

3. 钾营养　柑橘树体中含钾量远比磷高，叶片含钾10克/千克，果实为2克/千克，干、枝、根为3～4克/千克。钾可增强光合作用，并促进光合产物的运输，因而能提高产量、改善品质。缺钾的柑橘树，生长受到严重抑制，尤其在果实膨大期缺钾，会加重果实发育不良，果小，产量低，贮藏后味淡，且易腐烂。但如果施钾过量，柑橘吸收过多的钾时，则会抑制柑橘对钙、镁的吸收，使果汁少，酸度高，糖酸比低，特别是高钾能促进氨基酸形成蛋白质，使腐胺形成减少，因而由腐胺控制的果皮增厚。分析柑橘叶片含钾量可以判断柑橘钾素供应状况，叶片适宜的含钾量，温州蜜橘为10～16克/千克，椪柑为7.1～18克/千克，甜橙为12～17克/千克。

4. 钙营养　在柑橘树体内，不同器官中含钙量差异悬殊。以温州蜜柑为例，果实含钙为0.1%，枝干和根含钙为1%，叶片含钙高达3%以上，老叶的含钙量又比新叶高。增施钙肥能促进柑橘生长、提高产量和改善品质。柑橘缺钙时表现叶片边缘褪绿，并逐渐扩大至叶脉间，叶黄区域会发生枯腐的小斑点，枝梢从顶端向下死亡，果小、畸形，果肉的汁胞皱缩。在一般情况下，土壤全钙（CaO）含量大于3%，每100克土壤中代换态钙（Ca）含量为3厘摩尔以上时柑橘即不致缺钙。

5. 镁营养　在柑橘树体内，叶片和枝梢中的含镁量高于其他部分，果实成熟时，种子内含镁量增多。在温暖而湿润的地区，由于镁容易被淋溶，表土中的镁往往向下层土壤移动，造成柑橘缺镁。柑橘缺镁，成熟叶片常自叶片中部以上部位开始，在与叶脉平行的部位褪绿，然后逐渐扩展，但叶片的基部往往还保持绿色。缺镁严重时会造成落叶、枯梢、果实味淡，果肉的颜色也较淡。土壤养分供镁不足，果实中可溶性固形物、柠檬酸、维生素C降低，甜橙的果肉及果皮呈灰白色，不耐贮运。通常无核的哈姆林甜橙不易缺镁，有核菠萝甜橙易缺镁，这是因为种子需要较多的磷酸镁。

6. 硫营养 硫是组成蛋白质、氨基酸、维生素和酶的成分。柑橘缺硫时，出现类似缺氮的症状，叶片呈淡绿色，新生叶发黄，开花和结果减少，成熟期延迟。

7. 硼营养 我国南方柑橘园较普遍存在缺硼的问题。柑橘缺硼，新梢叶柄有水渍状小斑点，呈半透明状，枝梢丛生并伴有枯梢现象，落花落果严重，成熟果畸形，果实中有胶状物。各地进行的柑橘喷硼或基施硼肥的试验均有较明显的增产效果。柑橘树喷施硼肥后，叶片的光合强度提高，干物质增加。但叶中含糖量普遍降低，不论是全糖、双糖、单糖都比对照低，这表明喷硼能加速糖分在树体内的运转，保证根系及果实等器官的生长发育，因而坐果率、产量均增加，而且果型端正、色泽鲜艳而光亮，果皮薄，果汁及可食部分增加。施硼降低幼果果柄离层纤维素酶活性，使离层不易形成，因而可明显减少落花落果。

8. 锌营养 锌是碳酸酐酶的组成成分，在叶绿素合成中锌是不可缺少的元素。柑橘叶片的含锌（Zn）量在20毫克/千克以下时，新叶的叶脉间会出现黄色斑点，并逐渐形成肋骨状鲜明的黄色斑块。严重缺乏时，新生叶变小，缺锌时细胞生长、分化受到抑制，上部枝梢节间缩短，叶呈丛生状，果实也变小。缺锌的柑橘叶肉细胞的细胞质稀少，叶绿体受到破坏。叶绿体中含有淀粉粒，细胞核的结构无明显的变化。土壤中有效锌（Zn）含量低于1.5毫克/千克（酸性土用 0.1 摩尔/升 HCl 提取）或 0.5 毫克/千克（石灰性土用 DTPA 提取），柑橘会有缺锌的可能。

9. 铁营养 铁参与叶绿素形成，对缺铁橘树喷施铁肥，能提高叶片中活性铁和叶绿素含量，每株结果数、单果重均增加，产量提高。在滨海盐渍土和石灰性土壤上种植的橘树，缺铁情况十分普遍，其典型症状是幼嫩新梢叶发黄，但叶脉仍保持绿色，严重时叶呈黄色或白色，尤以秋梢或晚秋梢更为明显。我国柑橘分布的主要地区有效铁（Fe）含量一般均在 9 毫克/千克以上。

10. 钼营养 钼是硝酸还原酶的组成成分，因此缺钼时树体内硝态氮会大量累积而产生危害。柑橘缺钼时，新枝的下部叶或中部叶的叶面上出现圆形和椭圆形的橙黄色斑点，叶背面斑点显棕褐色，有胶状物溢出，叶片向内侧弯曲形成杯状。严重时叶片变薄，斑点变成黑褐色，叶缘枯焦。我国南方红壤、紫色土以及潮土上的柑橘园有效钼的含量为 0.05±0.05～0.08±0.06 毫克/千克，一般低于缺钼临界值（0.15～0.2 毫克/千克），淋溶石灰土柑橘园的有效钼含量较高，平均为 0.17±0.10 毫克/千克，处于缺钼临界值的附近。

四、柑橘测土配方施肥方法

柑橘测土配方施肥，是根据柑橘的需肥特性、土壤供肥性能和肥料效应，综合运用现代农业科技成果，提出在不同主要施肥时期施用肥料的数量和种类等有关施肥建议的技术。以土壤测试为基础的配方推荐施肥技术包括四部分：①田间采集土壤样品；②提取及分析测定土壤速效养分；③对分析结果作出判断；④提出施肥建议。准确的土壤测试结果为施肥建议提供了科学依据，由于肥料效应受土壤、气候、作物类型和栽培管理技术等综合因素的影响，因而依据土壤测试结果提出施肥建议时，必须综合考虑上述诸因素。

以土壤测试为基础的测土配方施肥已成为一项常规的农业技术措施，常用的方法有丰缺指标法和目标产量法。丰缺指标法是根据校验研究所确定的“高”、“中”、“低”等指标等级确定相应的施肥建议。只要获得土壤测试值，就可确定施肥量，方法简便易行，缺点是半定量性质，主要用于磷、钾肥和微量元素肥料的施肥建议。近年来，根据根系分布土层内矿质态氮（硝态氮和铵态氮）的含量确定作物施氮量，取得了良好的结果。在依据土壤测试值提出施肥建议时，还应根据土壤性质、土壤水分状况、有机肥料的施用等作出适当调整。

（一）测土的主要内容及测定项目

①建立和记录柑橘产量、品质、生长和土壤管理等情况。

②现场观察和实地调查树体生长、结实和根系状况。

③柑橘园土壤样品的采集和土壤测定。测定内容主要有土壤酸碱度（pH）、有机质、速效氮、磷、钾、钙、镁、硫和微量元素的含量。

（二）土壤样品的采集和处理

采集分析用的土壤样品必须具有代表性，要严格把好采样关，才能保证分析结果的准确性，才能准确地反映柑橘园土壤养分状况。在土壤肥力条件均匀的柑橘园采集土壤样品，可用对角线方式布点，在每一采样点的树冠滴水线附近

挖土坑或用土钻采样。土壤条件不一致的柑橘园采集土壤样品时，应分段布点采样。山坡地柑橘园，上中下各部位土壤质地和肥力水平存在一定的差异，采样应按等高地（或等高线）布置采样点。采集土样的位置必须在非施肥区，采土深度视柑橘根系分布状况而定，一般在 0～40 厘米或 0～60 厘米范围土层内采集。将采集到的各点土样混合均匀，过多部分土样采用四分法去除，每个土样留样品约 500 克左右。样品装入清洁的塑料袋内，供土壤分析用。

（三）柑橘园土壤有效养分含量的适宜范围

我国柑橘分布的主要地区以红壤为主，还有黄壤、赤红壤、砖红壤、石灰土、紫色土、潮土等，这些土壤的 pH 大多偏酸性。而土壤的 pH 对土壤微生物活动、有机物的分解、氮磷钾的释放转化、微量元素的有效性等有着密切关系。一般认为柑橘对 pH 的适应范围较广，但最适宜柑橘生长的 pH 范围在 5.5～6.5 之间。

土壤中氮、磷、钾的含量是决定柑橘产量和品质的重要因素。丰产、稳产的柑橘不仅需要较多的氮、钾供应，而且需要较高的氮、钾比例。柑橘园土壤养分的丰缺状况可以作为施肥的参考（表 3-1）。

表 3-1　柑橘园土壤有效养分含量的适宜范围

营养元素		缺乏（毫克/千克）	适宜范围（毫克/千克）	过量（毫克/千克）
大量元素	有效氮	＜150	150～200	＞200
	有效磷	＜80	80～120	＞120
	有效钾	＜150	150～450	＞450

（续）

营养元素		缺乏（毫克/千克）	适宜范围（毫克/千克）	过量（毫克/千克）
中量元素	有效钙	＜400	400～1 000	＞1 000
	有效镁	＜150	150～300	＞300
	有效硫	＜12	12～24	＞24
微量元素	有效锌	＜6	6～8	＞8
	有效硼	＜0.5	0.5～1.0	＞1.0
	有效钼	＜0.15	0.15～0.30	＞0.30
	有效铜	＜3	3～8	＞8
	有效铁	＜80	80～500	＞500
	有效锰	＜100	100～300	＞300

注：引自庄伊美、俞立达、ASI 等的资料。

（四）柑橘测土配方施肥技术

1. 柑橘施肥原则 柑橘的施肥应综合考虑品种、树龄、树势状况、产量以及土壤条件、水分状况和病虫防治等条件，确定施肥种类和施肥量，施肥以化肥和有机肥并重为原则，把握好关键施肥时期，才能达到施肥合理，获得优质、高产的目的。

在肥料品种的选择上，可使用腐熟农家肥料、商品有机肥、微生物肥、化肥（包括氮、磷、钾及其复混、复合肥）、有机无机复混肥和叶面肥等，禁止使用未经无害化处理的城市垃圾或含有重金属等有害物质的垃圾，禁止使用未腐熟的人粪尿，禁止使用未获准登记的肥料产品。

2. 确定施肥量的方法 确定柑橘施肥量的方法大致有三类，一是以产定肥，按照果实产量确定柑橘一个生长周年内的肥料施用量，这种方法适宜于产量比较稳定的成年树；二是按生产经验，这种方法盲目性较大，适用于老产区有丰富栽培经验的种植户；三是叶片养分分析法，是在6～7月份测定非结果枝条上部叶片的养分含量。这种方法在国外相当普遍，但要求有相关的设备和时间，而且测定值受品种、季节影响很大，丰缺指标彼此差异很大。

3. 高产柑橘果园的土壤理化性状

①表土层（0～20厘米）与亚表土层（20～40厘米）的土壤理化性状差异不大，熟化层厚度在40厘米以上。

②土壤容重0.9～1.1克/厘米^3，总孔隙度50%～60%，大于0.25毫米的水稳定团聚体占50%～80%。

③酸性土壤pH为5.5左右，碱性土壤pH为7.5～8.0。

④0～40厘米土层有机质含量1.5%～2.5%，全氮量1.0～1.5克/千克。

4. 幼年树施肥　幼年树根浅且少，幼嫩、耐肥力弱，其栽培目的在于促进枝梢的速生快长，迅速扩大树冠骨架，培育健壮枝条，为早结、丰产打下基础。所以柑橘幼年树施肥应施足有机肥以培肥土壤，化肥做到勤施、薄施，防止一次施肥过量造成肥害和浪费，肥料以氮肥为主，配合施用磷钾肥。氮肥施用着重攻春、夏、秋三次枝梢，特别是5～6月攻夏梢和7～8月促秋梢。夏梢生长快而肥壮，对幼树扩大树冠起到很大作用。一般全年施肥8～10次，于每次新梢抽生前后15天左右各施一次肥；发梢前施肥促发新梢，发梢后施肥促进新叶转色和枝梢生长壮实。9月份后停止施用化学肥料，防止抽发晚秋梢，有机肥料可在春梢萌发前施用。

根据各地经验，一般1～3年生幼年树全年施肥量，平均每株可施用有机肥料15～30千克、尿素0.7～0.8千克+过磷酸钙0.7～1.3千克+氯化钾0.3～0.4千克，或40%专用肥1.5～2.0千克。随着树龄增加，树冠不断扩大，对养分的需求不断增加，因此幼年树施肥应坚持从少到多，逐年提高的原则。

幼年果园株行间空地较多，为了改良土壤，增加土壤有机质，提高土壤肥力，改善果园小气候，防除杂草，应在冬季和夏季种植各种豆科绿肥，深翻入土，这是一种有效的改土措施。绿肥深翻入土时可混合石灰，亩用量50～80千克。

5. 结果树施肥 柑橘进入结果期后，其栽培目的主要是不断扩大树冠，同时获得果实的丰产和优质，施肥的目的是调节营养生长和生殖生长达到相对平衡。这种相对平衡维持时间越久，则盛果期越长。为了达到此目的，必须按照柑橘的生育特点及吸肥规律，采用合理施肥技术，有机无机肥料配合施用。果园大量施用有机肥，可改良土壤物理特性，提高土壤肥力，改善土壤深层结构，有利根系生长，不易出现缺素症。植株生长的旺盛季节对营养的要求高，追施化肥能及时供给植株需要的养分，保证柑橘正常生长发育。

成年柑橘树一般年施肥3～5次，亩产2 500～3 000千克的一般年每株需施有机肥料30～50千克、尿素1.4～2.0千克+过磷酸钙2～3千克+氯化钾0.9～1.2千克，或40%专用肥3.8～4.2千克。

（1）春梢肥 春梢肥用于促梢、壮花，延迟和减少老叶脱落。春梢质量好坏既影响当年产量，又影响翌年产量，因此春梢肥是柑橘施肥的一个重要时期。为了确保花质良好，春梢质量佳，必须以速效化肥为主，配合施用有机肥。一般在1月春梢萌芽前15～20天施下，施氮量约占全年的30%。每株可施用有机肥料15～25千克、尿素0.4～0.6千克+过磷酸钙1千克+氯化钾0.25～0.35千克，或40%专用肥1～1.3千克。

（2）谢花肥（保果肥）　因开花而大量消耗养分，谢花后叶片会退色，所以这次施肥的作用在于保果，有利于果实发育和种子形成，特别对开花多的树和老树效果尤为显著。在谢花后（3月）以钾、磷肥为主，配合一定量的氮和镁肥。这次施肥量宜少，一般占全年氮肥施用量的10%。若树势弱，结果多，则可多施；而结果少，树势旺可补施。每株可施用尿素0.1～0.2千克+过磷酸钙1千克+氯化钾0.1千克+硫酸镁0.2～0.4千克，或40%专用肥0.4千克。为了保果，可叶面喷施0.1%尿素+0.2%磷酸二氢钾+激素（激素浓度因种类而异），10～15天喷1次，喷2～3次能取得良好的效果。

（3）秋梢肥（壮果肥）　壮果肥是柑橘施肥的又一重要时期，其作用是有利于果实膨大和促发早秋梢。施肥必须以速效氮、钾肥为主，多在7月中旬左右施用，施氮量占全年的40%。可施用尿素0.6～0.8千克+氯化钾0.4～0.5千克，或40%专用肥1.5～1.7千克。

（4）采果肥　其作用是恢复树势，提高抗寒力，保叶过冬，促进花芽分化。时间一般为10月下旬至12月上旬，这次肥以有机肥为主，氮、磷、钾肥配合施用，施氮量占全年的20%。可施用有机肥料15～25千克，另配施尿素0.2～0.4千克+过磷酸钙1千克+氯化钾0.2千克，或40%专用肥0.7～0.8千克。

由于各地气候、品种、土壤、栽植方式等不同，施肥期和施肥次数略有差异。就全国而言，施肥次数一般为3～6次，推行3～4次。

6. 施肥方法 在树冠两侧滴水线处开浅沟穴（深约10厘米），肥料均匀施在沟穴内后覆土，以后施肥的位置依次轮换。幼年树挖环状沟施肥，成年结果树多挖条状沟施肥，梯地台面窄的果园挖放射状沟施肥。

施肥需根据具体条件具体掌握，雨前或大雨时不宜施肥，雨后初晴应抢时间施肥；雨季肥料干施，旱季随灌水施肥或施肥后随即灌水。砂性土壤保肥保水能力差，应勤施肥、薄施肥、浅施肥；质地黏重的土壤可重施肥、深浅结合，并要保持土壤表层疏松；红壤山地应深施肥，采用条施或沟施的方法，既可改良土壤，又可引根系向深层发育，有利于抗旱和抗寒。在柑橘发根盛期（一般为6～7月份）结合促进根系发育可浅施淡肥，如果此时深施浓肥反而会引起新根截断过多和烧伤新根。

叶面喷肥在植株出现中量、微量元素（镁、硫、硼、锰、锌等）缺乏症状时进行。一般把肥料溶解在水里，配成低浓度液肥，用喷雾器喷到叶片上，一般喷后15分钟至2小时即可吸收利用。养分通过叶片背面气孔进入树体内，吸收快，增产效果良好。常用肥料的浓度为：硼酸0.05%～0.2%，硼砂0.05%～0.2%，硫酸锌0.05%～0.2%，硫酸锰0.05%～0.2%，硫酸镁0.1%～0.2%。

一般来说，开花期喷0.1%硼酸或硼砂＋0.3%～0.4%尿素混合液，可促进开花着果。谢花后春梢叶片转绿时，喷施0.4%尿素＋0.2%～0.3%磷酸二氢钾，可减少幼果脱落，提高着果率。在幼果膨大期，喷施0.3%尿素＋

0.5%～1%硫酸钾或硝酸钾，可促进果实增长，喷施2%石灰水可减轻果实日灼病和增加钙素。采前1～2月喷1%～2%过磷酸钙浸出液2～3次，15～20天1次，可略增果实含糖量，降低柠檬酸含量，改善果实品质；冬季喷施0.3%～0.5%磷酸二氢钾，可促进花芽形成，增加花数。幼年树各次抽梢后，可喷施0.3%尿素，促进枝条生长充实，提早结果。实践证明，在进行根外追肥的同时，结合喷施生长素，可取得更好的保花保果和果实生长的良好效果。必须注意的是，根外追肥和喷生长素，应掌握适宜的浓度和用量，过浓、过多都会引起肥（药）害或其他副作用，过低、过少效果不好。

叶面喷施一般以喷湿叶面开始下滴水珠为度。生长素一般喷施2～3天即起作用，5～6天效果即达高峰，喷施后可维持15～20天。一般15～20天喷1次，连续不宜超过3次，过多易产生药害。喷施后下雨，效果差或无效，应补喷。无风雨晴天或阴天喷施效果好。夏天12～16时不宜喷施，因气温高，易产生药害。

7. 微量元素施肥

（1）缺硼及矫治

缺硼原因：柑橘缺硼常出现在酸性土、碱性土、低硼土、有机质含量低、施用石灰过量的土壤上，干旱的气候条件也易引起缺硼。

缺硼矫治：喷施0.1%～0.2%硼酸或硼砂，可矫治柑橘缺硼症。花期喷硼是关键时期，一般7～10天1次，1～2次即可取得良好效果。

（2）缺锌及矫治

缺锌原因：柑橘最普遍的营养失调是缺锌，仅次于缺氮。缺锌广泛地发生在酸性土、轻砂土，施肥导致含磷量高，氮肥、土壤水分、过量的钾、钙和其他元素不平衡，都引起缺锌。

缺锌矫治：新梢萌发喷施锌肥能取得较好的效果。3月下旬、7月下旬，叶面喷施0.2%硫酸锌+0.2%尿素；4～6月根系生长旺盛时期，每株树施0.1千克硫酸锌与猪、牛粪拌匀进行土壤施肥，矫治效果也较好。

(3) 缺锰及矫治

缺锰原因：一般酸性土和碱性土均发生缺锰。酸性土缺锰由于淋溶损失，碱性土缺锰出于锰的可溶性非常低。

缺锰矫治：5～8月喷0.2%～0.3%硫酸锰溶液几次即可矫治。

(4) 缺铁及矫治

缺铁原因：石灰性土壤，土壤水分过多和不透气，碳酸氢根离子含量高，营养元素不平衡（磷、钙、锰、锌、铜），其他重金属和土壤低温，品种和砧木对铁的敏感有差异，特别是枳砧对铁非常敏感，都是缺铁的原因。

缺铁矫治：石灰性土壤缺铁难于矫治，柑橘缺铁喷0.05%～0.2%柠檬酸铁或硫酸亚铁有局部效果。根系挂瓶吸铁法是当前防治柑橘缺铁的有效方法，掌握浓度为0.5%柠檬酸+15%硫酸亚铁，5～7月挂瓶效果均好。应多施有机肥，亩施1 000～1 500千克有机肥，并按每株施硫酸亚铁1～1.5千克与有机肥混合条施，也可取得良好效果。

在诊断叶片缺素症时，必须区别病虫为害、排水不良和某些栽培措施不当引起的叶片症状，因为这些症状常与某些缺素症状有共同性。

五、沙田柚测土配方施肥技术

（一）土壤管理

1. 深翻扩穴、熟化土壤

①时间。丘陵山地沙田柚果园在植后第二年开始，一般在幼年期内全面深翻改土完毕。每年一般在10～12月或翌年5～6月新梢老熟后进行。高温干旱、寒冷季节，尽快埋肥、覆土。

②方法。先株间，后行间，采用扩穴、扩沟、环状沟，每次位置轮换并外移。在原植穴外缘挖长1.3米以上、宽0.8米以上，随树冠扩大而增长、增宽，深0.8～1米。穴内施入经堆沤腐熟后的绿肥、各种作物秸秆、杂草或牛、猪栏粪、塘泥等有机肥100千克/米^{3}以上。初冬加火灰土10～20千克，另加过磷酸钙和石灰各0.5千克，分3～4层埋施。最上层靠近根的位置施腐熟麸肥2千克或禽类粪5千克，每株用量折合纯氮第一年0.5千克，第二年0.7千克以上。

2. 合理间作　柚树盘外30厘米可间种花生、黄豆等豆科作物、豆科牧草、藿香蓟（白花臭草）、旋扭山绿豆等。间作的作物或草类应与柚树无共生性病虫，浅根、矮秆，适时割翻埋于土壤中或覆盖于树盘。

3. 覆盖与培土　柚树未封行前，坚持树盘覆盖，保湿、防旱、防杂草。盛产树高温或干旱季节，园内或树盘内用秸秆等覆盖10～15厘米，覆盖物应与树干保持10厘米左右的距离。

每年高温前的6月中下旬及冬季，培土1～2次，每次厚度不超过5厘米，可培入塘泥、河泥、沙土或柚园附近的肥沃土壤。

（二）施肥

1. 施肥原则 充分满足沙田柚树体对各种营养元素的需求，根据树龄、树势、产量施肥，根据肥料性质施肥，根据气候施肥，根据土壤条件施肥，根据物候期施肥。在沙田柚不同生育阶段，抽梢期和现蕾期以氮素代谢为主，花果期钾素需要量最多。施肥上要求多施有机肥，合理施用无机肥，补施中、微量元素。

2. 允许使用的肥料种类

（1）*传统有机肥* 包括堆肥、沤肥、厩肥、沼气肥、绿肥、作物秸秆肥、泥肥、麸肥等。人畜粪尿需经50℃以上高温发酵7天以上。麸肥需经2个月以上沤制后才可用。

（2）*商品肥* 包括商品有机肥、腐殖酸类肥、微生物肥、有机复合肥、无机（矿质）肥（化肥）、叶面肥、有机无机肥等。推荐使用在当地进行专项科研项目产生、并经中试验证显著有效的柚类专用肥。

（3）*其他肥料* 经无害化处理的不含有毒物质的食品、鱼渣、牛羊毛废料、骨粉、氨基酸残渣、骨胶废渣、家禽家畜加工废料、糖厂废料等。

3. 禁止使用的肥料 未经无害化处理的城市垃圾或含有重金属、橡胶和有害物质的垃圾，未腐熟的人粪尿，未获准登记的肥料产品。

4. 施肥方法

（1）*土壤施肥方法* 幼年树的水肥是在根前环状沟淋施或泼施，结果树的水肥、干肥是在树冠正投影边缘开弧形或环状沟或对称浅沟施，每次施肥位置轮换并逐渐外移。施水肥沟深约10～15厘米，宽约20～30厘米；施干肥沟深40～60厘米，宽约40～50厘米，东西、南北对称轮换位置施肥。注意尽量少伤根，若土面撒施肥料应以造粒缓释肥为主。有微喷和滴灌设施的果园，可进行液体施肥。

（2）根外追肥　在不同的生长发育期，根据树体的生长情况，选用不同种类的叶面肥进行根外追肥，以补充树体对营养的需求。高温干旱期应按使用浓度范围的下限施用，果实采收前1个月停止根外追肥。根外追肥时，大部分肥料可以结合病虫害防治一同进行，以减少喷药、喷肥次数，但要先摸清药肥是否可以混用，以免降低药效和肥效（表3-2）。

表3-2　根外追肥的使用浓度

肥料品种	使用浓度（%）	肥料品种	使用浓度（%）
尿素	0.1～0.5	硫酸镁	0.1～0.3
磷酸二氢钾	0.2～0.3	硼砂或硼酸	0.05～0.2
草木灰浸提液	1～2	硫酸锌	0.05～0.1
三元复合肥浸提液	0.1～0.5	其他微量营养元素	0.05～0.1

5. 石灰的施用　根据土壤pH的测定值补施石灰。pH5以下时，每亩施60千克；pH5～5.5时，每亩施40千克；pH5.5～6时，每亩施25千克；pH6～6.5时，每亩施10千克。一般可在冬季清园或扩穴时施用（撒施）。

6. 幼年树施肥

（1）施肥时间　掌握勤施、薄施原则，主要围绕促壮春、夏、秋梢，重点在发梢前7～15天和梢顶芽自剪后施2～3次。重点肥每年9～10次，其余生长期每月1次。

（2）施肥数量　氮、磷、钾施用比例为1∶0.3∶0.7。

以人畜粪尿、豆麸等有机肥为主，加适量化学肥料或柚类专用肥。每株年施粪液或沼气液等有机肥 100 千克，一年生树配施尿素 1～1.1 千克＋过磷酸钙 1.5 千克＋氯化钾 0.5～0.6 千克，或施用 40%沙田柚专用肥 2.5 千克/株（折合纯氮 0.5 千克/株，包括基肥、扩穴、追肥，总纯氮量 1.5 千克/株）；二三年生树年用氮量 0.6～0.8 千克/株，包括基肥、扩穴、追肥，总纯氮量为 1.7 千克/株，即在施用有机肥的基础上，配施尿素 1.2～1.8 千克＋过磷酸钙 2.0 千克＋氯化钾 0.6～1.0 千克，或施用 40%沙田柚专用肥 3.0～4.0 千克/株。施肥量由少到多逐年增加。

7. 结果树施肥

（1）重点施肥时期

①采果前后肥。丰产树和弱树应在采果前 5～20 天适当施腐熟麸肥，采果后施速效氮肥（如尿素、硫酸铵等）或复合肥，干旱季节应以水肥为主，配合施用植物生长调节剂或叶面肥。树势恢复后重施腐熟有机质肥和磷肥、火烧土等。此期氮肥施用量约占全年施氮量的 50%左右。以单株挂果 100 千克计（下同），在施用有机肥的基础上，可配施尿素 3.0～3.5 千克＋过磷酸钙 5.0 千克＋氯化钾 2.0 千克，或施用 40%沙田柚专用肥 6.0～9.0 千克/株。沟施或盘施。

②春梢肥。春梢萌芽的 1 月下旬至 3 月施以氮肥为主的速效肥，用氮量占全年的 15%左右。可施用尿素 1.0 千克＋氯化钾 0.6 千克，或施用 40%沙田柚专用肥 1.8～2.7 千克/株。沟施或盘施。

③稳果肥。谢花后至 5 月施速效肥，用氮量占全年的 20%左右。可施用尿素 1.3 千克＋氯化钾 0.8 千克，或施用 40%沙田柚专用肥 2.4～3.6 千克/株，撒施后覆土。

④壮果肥。6～8月上旬施优质氮、磷、钾肥，以磷、钾肥为主，配合充分腐熟的有机液肥，用氮量占全年的15%左右。6月埋施适量充分腐熟的优质有机肥干肥，这既可起到提高果实品质的作用，又可起到促进花芽分化的作用。8月底始，不得单独施用氮肥，宜适当补施磷钾肥。可施用尿素1.0千克＋过磷酸钙5.0千克＋氯化钾0.6千克，或施用40%沙田柚专用肥1.8～2.7千克/株，撒施后覆土。

（2）施肥数量　以有机肥为主，加适量氮、磷、钾化肥或柚类专用肥。施肥量依树龄、树势、产量、土壤而定。土壤肥力中等的成年结果树，以单株挂果100千克计，全年施纯氮3.0千克，总N、P_2O_5、K_2O比例为1∶0.5∶0.8，即施用尿素6.5千克＋过磷酸钙10.0千克＋氯化钾4.0千克，或施用40%沙田柚专用肥12.0～18.0千克/株。如果不是施用柚类专用肥，另外还需补充硼、镁、钙、锌、硅等微量元素。

（3）根外施肥保果　花蕾期喷1～2次含钼、硼等微量元素的复合微肥，谢花期和春梢转绿期可各喷1次植物生长调节剂，花期至幼果期喷多次0.2%磷酸二氢钾加0.3%尿素，隔7天1次。

六、特定条件下的施肥技术

特殊施肥技术是指在特定条件下的施肥方法。由于柑橘等在生长过程中树体营养受外界环境因素的影响，引起树体营养失调，造成树势衰退、结果不稳、产量低、品质差等现象。为了矫正这些不正常现象，采取施肥、修剪、更新、改土和使用生长调节剂等技术措施。生产实践证明，施肥和改土是矫正这些不正常现象的根本性措施。采取修剪、更新、环割等，也必须有施肥作基础，才能收到预期效果。

（一）大小年结果树的施肥

柑橘大小年结果现象较为普遍，造成大小年的原因与树体营养状况有关。大年因结果量多消耗了大量养分，抑制花芽分化，使翌年花量不足而形成小年结果；小年结果时大量抽发夏、秋梢，大量分化花芽，导致第三年开花、结果多而形成大年。如此循环而出现大年愈来愈大，小年愈来愈小的现象，如果管理措施跟不上，几次大小年循环便会使大年产量迅速下降，树势衰退，造成树体未老先衰，严重影响柑橘栽培的经济效益。

克服大小年结果的施肥原则：大年多施肥，小年少施肥，调节土壤养分供应；以有机肥、迟效肥为主，无机肥、速效肥为辅；有机肥、迟效肥以深施为主，无机肥、速效肥以浅施和根外喷施为主。

在措施上，首先应深翻果园，重施基肥，扩大根系分布层，改善根系的生长、吸收状况，这是克服大小年结果的根本措施。在大年开始的冬季，多施采果肥、催芽肥，促进春季抽生大量的营养枝，为次年开花结果打下良好的基础。在小年开始的冬季，新梢较多的树可以少施肥。其次通过修剪，平衡营养生长和生殖生长。大年树结果母枝过多营养枝过少，应适当重剪、疏剪或短截一部分结果母枝，促发新梢，使之成为第二年的结果母枝；小年的春季，应轻剪保花。再则是保花保果与合理疏花疏果相结合。对小年树，花前施速效氮肥及根外追肥，盛花期喷0.1%硼酸，可以促进受精。

小年树结果少，肥料可以适当少施，但不能不施。在春季施肥的基础上，施好稳果肥，即夏肥。因为第二次落果常与树体营养水平有关。此时，又是柑橘第一次发根高峰，并且地温急剧上升，根系对养分的吸收能力大大增强。此时施用速效氮肥和钾肥，能明显地提高坐果率和促使果实膨大。

当遇雨水较多或不宜地面施肥时，可抢晴天进行根外追肥。一般用0.3%～0.5%尿素和0.2%磷酸二氢钾喷施叶面。对缺硼果园，可将上述喷施的肥料调整为0.2%尿素+0.2%磷酸二氢钾+0.2%硼砂喷施叶面，连喷2～3次（每次相隔5～7天），均能收到较好效果。

除此之外，对容易抽发夏梢或晚秋梢的品种，要适当控制施肥量，春季和秋季施肥量可比结果大年树减少1/3～1/2。但为促进花芽分化，确保翌年开花结果，冬季采果肥中氮肥和镁肥要保持一定数量。最好以叶分析为依据，或以春梢发生量的多少而定，以多则多施，少则少施为原则。对气温较低的北亚热带地区，采果肥应适当提早施用。

（二）衰老树和更新树的施肥

柑橘寿命可长达百年有余。但有的仅几十年就趋向衰老，其中一部分原因是由于受自然灾害或病虫为害所致，绝大部分是由于吸肥障碍或树体营养状况恶化造成。因为一株柑橘几十年生长在同一块土地上，如果管理不善，单施化学肥料并以氮肥为主，很少施用有机肥料，土壤就会变得紧实，并趋向酸化，土壤中有效养分也趋向贫乏，每年抽梢开花和结果消耗的养分与根系所吸收的养分失去平衡，这样不需多久，树体生长就会受到抑制，从而出现未老先衰的“小老树”。在这种情况下，施肥就要从改土着手，一是深耕，采取局部轮换深翻深施有机肥料和土杂肥、火烧土，以改良根际土壤环境，促进翌年第一次根的生长高峰期长出大量吸收能力强的新根，增强植株对养分的吸收，使地上部枝梢生长、花芽分化、开花结果恢复正常，从而确保稳产、高产。二是培土，柑橘园培土可增厚土层，使新根向新土伸展，根系密集增厚。每株果树培土 500～750 千克，培放在树盘周围，经一段时间日晒风化后，稍加敲碎结合深翻，拌入表层土壤。

地面施肥要采取薄肥勤施，可用人畜粪尿或沼气发酵液等腐熟的速效有机肥料，配施专用肥料，并用 0.2%磷酸二氢钾根外追肥。酸性红壤柑橘园增施磷肥能有效地促使新根发生。

当柑橘树根系得到更新以后，即可进行更新枝梢。总之，对衰老树更新复壮，要以施肥为基础，在计划进行树冠更新前 1～2 年，应先深施腐熟猪牛栏肥、生活垃圾及土杂肥等有机肥料，并增施钾肥，促使根系生长，抽发新根，然后更新树冠，才能收到预期效果。

（三）受灾树的施肥

柑橘遭冻害、旱害、水害和台风危害后，应以保护根系为中心，采取各种抢救措施，其中科学合理施肥，是促使受灾树根系恢复正常生长的主要技术措施。

1. 冻害树的施肥　柑橘遭受冻害时，由于品种和个体差异及防冻措施不同，遭冻程度有重有轻，采取施肥措施时应分别对待。对轻度冻害树，只有部分叶片枯焦和少量枝梢枯死的，除春季提前施用热性腐熟有机肥料外，还可进行 0.3%～0.5%尿素水溶液根外追肥。对冻害较重的树，即大部分叶片脱落、部分分枝冻死的根外追肥效果甚微，主要是通过土壤施肥和覆盖，提高土温，促进根系对养分的吸收，促使春梢抽发，恢复树势。

2. 旱害树的施肥 为提高柑橘抗旱能力，主要应使柑橘根系生长良好，达到根深叶茂。因此，平时要深施有机肥料，引根入深，间作、套种绿肥，增加地面覆盖度。干旱来临时，除浇水抗旱外，还应进行根外追肥，增加叶片养分吸收，弥补根系对养分吸收的不足，调节果园湿度。在浇水时加少量人粪尿或尿素，有利于根系对养分的吸收，增强树体抗旱能力。

（四）水肥一体化施肥技术

柑橘的水肥一体化施肥技术适宜的设施灌溉方式有微喷灌和滴灌。由于微喷灌系统对压力的调节比较复杂，对于地形复杂的果园，用压力补偿滴灌可以解决灌溉的均匀问题。对柑橘类果树应用灌溉系统施肥，可以根据植株的长势和叶片特征（如大小、光泽、厚度、数量等）、梢的质量、果实生长情况以及往年的施肥经验，采用“少量多次”，有机肥、化肥和叶面肥结合施用的原则，制订较为合理的施肥计划。如广东省梅州市平远县八尺镇九香果业合作社枫树湾脐橙基地采用水肥一体化施肥技术，运用压力补偿滴灌系统，可以保证田间每株树滴头出水和施肥均匀，一年运行后效果良好，使用满意，没有发生过堵塞和爆管漏水现象，系统设计和安装科学合理。采用自压重力施肥模式，施肥浓度均衡，系统耐用；采用沼液过滤模式，可通过滴灌系统施用有机肥料，操作简单可行，两种模式均适合于山地果园推广。实施“水肥一体化”的示范区增产效果显著，示范区脐橙每亩平均产量为 2 063 千克，果实商品率为 96%，果实可溶性固形物为 12.4%，分别比对照区增产 25%，提高果实商品率 5 个百分点，增加果实可溶性固形物 0.9 个百分点。示范区比对照区每亩节水 80 米^3，节省化肥成本 150 元，节省劳动力成本 280 元，总节本增效达 1 906 元。脐橙水肥一体化施肥技术成熟、实用、可行，节本增效显著，有很好的推广应用价值。

第四章　荔枝测土配方施肥技术

一、我国荔枝种植区域布局

荔枝是我国南方的特色果树作物，是色、香、味俱佳的优质水果。荔枝具有特优的经济性状和营养价值，主要表现在：一是长寿，荔枝树寿命长达 1 000 年以上，老树也能继续开花结果；二是单株产量高，可达 200～250 千克以上，有的甚至超过 500 千克；三是盛果期长，成年树 20 年后进入盛果期，在正常管理下，400～500 年仍很丰产；四是果实品质风味好，古往今来甚受人们喜爱；五是综合利用范围广，果实除食用外，还可加工荔枝干、荔枝汁、蜜饯果肉、罐头、果胶和果酒，有一定的药用价值，而木材是高级用材，根、干、壳可提炼染料；六是成本少，经济效益高，粗生易管，投资少，少占农田，果价高，产值大；七是对土壤适应性强，耐旱、耐涝、耐瘠，不论山地、丘陵、沙坝、河滩、堤围、水基等，都可以种植生长。

荔枝原产于我国，在 2 000 多年前已经广泛种植，是世界上栽培荔枝最早的国家。目前，我国是世界荔枝品种最丰富的国家和主要的栽培地区。我国荔枝分布在北纬 18°～31°的范围，其主产区在北纬 22°～24°30′。集中在广东、广西、福建、台湾和海南，另外，四川、云南、浙江、贵州也有少量栽培。截止 2008 年，我国种植荔枝面积 843.8 万亩（不包含台湾省，下同），总产量 154.7 万吨，总产值达 43 亿元，其中广东省面积最大，种植 413.7 万亩、产量 91.7 万吨、产值达 22 亿元，广西种植 317.5 万亩、产量 31.8 万吨、产值 10.3 亿元，福建 54.3 万亩，海南 42.2 万亩。我国荔枝栽培地带从属两个气候带：一是北热带地区，包括广东的雷州半岛，海南省和台湾南部，适合种植早中熟品种。北热带地区的地带性土壤为砖红壤；二是南亚热带地区，包括广东、广西中南部、福建东南沿海、台湾中南部和西海岸，为典型的赤红壤地区和部分红壤地区，适宜栽培中迟熟品种。

广东是我国荔枝的主要产区，除粤北部分县（市、区）外，其他 80 多个县（市、区）都有栽培，主要栽培品种有黑叶、糯米糍、桂味、白糖罂、白蜡、淮枝、妃子笑、三月红、大造、增城挂绿等。目前在广东已形成三大产区，一是粤西产区，包括茂名、云浮、阳江和湛江等市，主栽品种为黑叶、白蜡、白糖罂、妃子笑、大造、玉荷包、新兴香荔等，种植区立地土壤为砖红壤和赤红壤，还有赤红壤性水稻土和河流冲积物发育的土壤；二是粤中产区，包括广州、深圳、惠州、江门、佛山、中山、东莞等市，为传统的栽培产区，其品种最多，质量最优，有糯米糍、桂味、淮枝、黑叶、三月红等品种，立地土壤为赤红壤，还有水稻土、河流冲积（沉积）物发育的土壤；三是粤东产区，包括揭阳、汕头、汕尾、潮州和梅州等市，主栽品种为古龙 2 号、黑叶、淮枝、金钟、风吹寮等，立地土壤为赤红壤、红壤，还有水稻土、河流冲积物和第四纪红土发育的土壤。

台湾省是我国荔枝发展最快的地区，荔枝种植主要分部在西南部和西部，以高雄最多，台中、南投次之，新竹、苗栗、彰化、嘉义、台南等县都有大面积的栽培，主栽品种有黑叶、红荔、糯米糍、桂味、小品园、三月红、玉荷包等品种。

广西除桂林高寒山区的 9 个县、市外，其余 80 个县（市、区）均有荔枝栽培，东南地区是荔枝主产区，主栽品种有淮枝、大造、黑叶、水荔、玉荷包、灵山香荔、糖驳等。西南地区以南宁、隆安横县为主要地区，主栽品种有妃子笑、糯米糍、桂味、淮枝、黑叶、尚书怀等。

福建荔枝主要栽培区分布在闽东南沿海，有 37 个县（市、区）栽培，以闽南和闽东南的漳州、泉州、莆田、福州为主产区，主栽品种有兰竹、陈紫、乌叶（黑叶）、早红、玉荷包、金钟、桂味、绿荷包等。

海南荔枝主要分布在北部和中部，20 个县、市均有荔枝栽培，品种有妃子笑、鹅蛋、紫娘鞋、大丁香、蜜荔等，为发展早熟荔枝的理想地区。

因此，测土配方施肥必须根据不同土壤、不同品种、不同气候和不同树冠管理措施制定土壤养分管理和平衡施肥方案。

二、我国南方各省荔枝园土壤养分状况

1. 广东省 据广东省农业科学院土壤肥料研究所对全省 8 个市荔枝产区的 64 个土壤样本（深度 0～30 厘米）的测试结果表明（表 4 - 1），土壤有机质含量在 5.1～68.8 克/千克，平均值为 15.6 克/千克，处于低水平的占 47.8%；碱解氮在 5.3～152.9 毫克/千克，处于较低水平的占

58.3%；有效磷范围在2.1～337.8毫克/千克之间，处于较低水平的占10.5%；有效钾在8.3～598.2毫克/千克，有31.4%的土壤处于较低水平，表明荔枝园土壤氮最为缺乏，其次为钾，磷在大多数果园已经充足。

表4-1 广东省主要荔枝园土壤有机质和大量元素含量状况

项　目	有机质（克/千克）	碱解氮（毫克/千克）	有效磷（毫克/千克）	速效钾（毫克/千克）
含量范围	5.1～68.8	5.3～152.9	2.1～337.8	8.3～598.2
平均值	15.6	58.5	53.4	77.3
5、6级土壤（%）	47.8	58.3	10.5	31.4

中量元素钙的养分值在15.6～1 576毫克/千克之间，有79.1%的土壤钙含量小于500毫克/千克；镁的养分值在14.6%～207.4毫克/千克之间，有98.5%的土壤镁含量少于100毫克/千克；硫的养分值在9.3%～124.0毫克/千克之间，有15%的土壤硫含量小于16毫克/千克，表明广东省荔枝土壤中钙和镁的缺乏成为普遍性的问题，加强钙和镁的补充，调节钾与钙、镁的平衡，成为土壤养分管理的重要内容。

微量元素中有效铁最为丰富，其平均值达71.4毫克/千克，没有出现低铁的土壤；有效锰平均值为113.3毫克/千克，处于较低水平的有23.4%；有效硼平均值为0.16毫克/千克，处于较低水平的占98.4%；有效锌平均值为2.1毫克/千克，有26.6%的土壤处于较低水平。因此，荔枝栽培中要注重硼、锌、钼、锰等微量元素的合理施用，使其能在果树的花果发育中发挥真正的作用。

荔枝园土壤由于施肥习惯和自然因素的影响，会出现土壤养分依深度而变化的现象。据广东省生态环境与土壤研究所罗薇等（1998）对广东东莞、增城荔枝园5个土壤剖面的研究结果，土壤有机质含量在0.5～31.0克/千克之间，土壤酸度（pH）在4.1～5.3，土壤盐基代换量在2.5～10.2厘摩尔/千克，表层盐基饱和度小于20%，土壤表层的酸度大于次表层，保肥和供肥能力以次表层较低，各种有效养分含量均以表层较高，而次表层多数营养元素达到缺乏的水平。这就提醒我们，要重视土壤酸性的改良，增加有机肥的使用，以提高土壤的保肥能力。同时土壤培肥要下足工夫，要采用肥料深施的方法，改善深层土壤的营养水平，因为荔枝的根系往往在20～40厘米处最为密集，这样荔枝园土壤和树体的养分才会得到真正的改善。

2. 福建省　根据庄伊美（1994）对福建乡城、龙海、漳浦、南进、长泰等6个生产县（区）进行的120个土壤样本的中、微量元素测定表明，土壤有效锌平均值为4.4毫克/千克，有20%处于较低的水平；土壤活性锰平均值为2.4毫克/千克，有60%样本的锰含量较低；有效铜平均值为1.3毫克/千克，有80%样本的铜含量较低；有效硼平均值为0.3毫克/千克，有79.2%样本的硼含量较低；有效钼平均值为0.28毫克/千克，有10%处于较低的水平；大部分样本有效铁的含量较高，土壤酸度（pH）7.6～8.7的土壤铁处于较低水平。从整体来看，福建省荔枝园土壤铁、锌、钼较为充足，而锰、硼和铜较为缺乏。与广东省的土壤养分分析结果有一定的差别。土壤不同深度的养分测定结果（黄锡栋，1996）随着土壤深度的增加土壤酸度增加，而有机质和有效氮、磷、钾则有所下降，与广东土壤的情况基本一致。

3. 广西壮族自治区 根据江泽普（2004）的测定结果，广西红壤荔枝园 37 个样本测定结果，有机质平均含量为 1.91%，全氮、有效磷和有效钾的平均值为 1.26 克/千克、17.4 毫克/千克和 97.0 毫克/千克，按贫瘠化指数评价，有机质有 27%的样本达到中度或重度贫瘠，全氮有 32%的样本达到中度或重度贫瘠，有效磷和有效钾分别有 75%和 67%的样本达到中度或重度的水平。因此，氮、磷、钾的平衡供应是广西红壤荔枝园的重要措施。

4. 海南省 海南荔枝园土壤氮、磷、钾养分有特别之处。据陈明智（2001）报道，48 个土壤测定结果，土壤有机质平均值为 2.058%，属严重缺乏的仅有 8%，土壤有效氮、有效磷和有效钾分别有 2%、100%和 100%的样本处于缺乏水平，一方面说明海南省荔枝园土壤磷和钾的有效性低，这与砖红壤对磷的高度固定有关。另一方面，说明氮肥的过多使用。有必要采用测土平衡施肥以提高磷肥的利用，如使用钙镁磷肥和部分酸化磷肥。

根据以上我国主要荔枝主产区的土壤养分研究测定结果，可见不同地区测定结果有较大的不同，各地应根据本区的土壤测定结果和土壤特点，按照相应的肥效试验，有针对性地制定施肥方案，为荔枝生长创造良好的土壤条件和营养条件。

三、荔枝测土配方施肥的特点

我国荔枝种植经过多年的发展，在我国亚热带地区形成相当规模的种植带，对提高农民收入和发展农业农村经济有良好的作用。近年来虽然荔枝产量大幅增加，但由于肥料、农药等农资价格大幅攀升，经营成本上升，还有荔枝收获期相对集中，果实不耐储存，保鲜期短，加上国际、国内销售渠道不畅，导致荔枝供过于求，售价大幅下降，种植效益有所下降，农民种植积极性有所下降，给荔枝栽培带来了新的难题。为避免走“丢荒、砍树、粗放经营”的老路，有必要加强荔枝的科学管理，用“低投优产”的理念经营果园，即依靠科学技术和科学管理，降低经营成本和消耗，在适当产量的基础上，生产符合国际市场和国内市场销售标准的优质荔枝，在降低成本的基础上，提高果实价格和种植效益。因此，科学经济和实用的技术，尤其是以测土配方施肥为主体技术的推广应用，对于降低生产成本，提高种植效益，保持果园肥力的稳定性是实现这一目标的最为可行的途径。

较好的土壤肥力是荔枝优质、高产的物质基础，由于我国荔枝多数种植在丘陵坡地，土壤养分肥力水平较低，出现营养不平衡和缺素的土壤较多。过去荔枝科研和技术推广，乃至农户的田间管理都过分强调品种、树冠管理、农药和植物市场调节剂的使用，忽视了土壤养分管理和科学施肥。在目前的荔枝生产中，普遍存在偏施氮肥，不注重补充中、微量元素肥料的现象，施肥比例严重失调，造成产量低而不稳，经营成本上升，种植效益下降。因此，测土配方施肥技术的研究和推广将成为荔枝栽培和获得高产的重要环节。

测土施肥（Soill testing and fertilizer recommendation）顾名思义，就是通过测定土壤，了解土壤中养分状况的高低，再通过科学方法制定施肥方案，指导荔枝大田施肥的技术。这一技术早在 20 世纪 60 年代就成为农业发达国家的常规施肥技术，并在农户中得到普遍的应用，目前已发展成为以现代信息技术为基础的精细施肥技术。我国从 70 年代起，经过科技人员的努力，配方施肥技术成为当时农业增产的重要技术。从2005年开始，我国兴起了新一轮测土配方施肥的热潮，政府和各级农业行政主管部门和技术推广部门十分重视这项技术的应用，把它作为农民节支增收、提高肥料利用和减少环境污染的主要技术。

目前，测土配方施肥技术主要应用于一年生大田作物，如水稻、小麦、玉米等作物。在果树作物上，我们常常把土壤养分测定值作为判断养分高低的标准之一。与大田作物比较，果树作物在栽培和营养特性等方面具有其特殊性，体现在以下几个方面：

①果树作物具有深根性，荔枝根系密集，深度可达60厘米，优质根系到达地下水位才不再伸长。采集土壤样本时，要根据根系消耗营养的主要部位来决定采样方法。

②果树作物尤其是多年生木本果树在栽培上对生长控制有特别的要求。如荔枝的结果梢必须在规定的时间内生长并老熟，这样才能为花芽分化创造条件。因此，在施肥技术上必须结合生长调控措施，与生长调控要求同步。另外，中、微量元素的使用必须土施与喷施相结合，才能保证关键生产期有充足的养分供应。

③果树作物具有养分储存性，树干是储存养分的重要部位。

④果树作物对营养元素之间的平衡较一般大田作物敏感，如使用过多的钾肥会产生缺镁症。由于测土配方施肥是以测试土壤养分供应值与作物养分吸收量或产量的关系制定的，果树的以上特点会给测土配方施肥技术的研究和应用带来一定的难度。

因此在国际上，一般采用土壤测定与叶片分析相结合，并根据相应的肥效试验结果制定出施肥措施，即把土壤和叶片诊断的半确定性与肥料配方区域试验相结合，根据土壤和叶片分析结果提出矫正缺素的施肥方案，使荔枝在不同地方种植后的纠正肥效得到体现，根据养分元素的不同配比试验得出在不同产量水平条件下的营养配比及施肥方案，使作物的平衡肥效得到体现。因此，在果树上，“测土配方施肥”理解为“测土与平衡施肥”更为靠近实际，因为它融合了土壤养分测定、叶片分析、营养平衡等诸多技术内容，通过对作物每个生长周期的养分带走量的分析，结合不同区域有代表性的田间试验，确定施肥量和各个生长期的养分分配。

四、荔枝的营养特性

1. 荔枝果实带走的养分量 根据荔枝目标产量制定施肥方案时，荔枝果实的养分带走量是首要考虑的指标，要根据品种的不同作出相应的调整。不同荔枝品种果实养分带走量有所不同，综合广东省农业科学院土壤肥料研究所和其他研究材料（表 4-2），每吨果实氮带走量在 1.35～2.29 千克之间，其中以桂味、淮枝和三月红最高；磷带走量在0.28～0.90 千克之间，以桂味最高，其他品种差异不大；钾带走量在 2.08～2.94 千克之间，品种间的差异相对较小；钙和镁则以桂味带走量较高。

2. 荔枝不同生长器官的养分元素含量

（1）叶片和枝条 据澳大利亚研究，黑叶、淮枝和大造等品种的矿质营养元素含量从高到低的排列顺序为氮、钙、钾、镁、磷、铁、硼、锌、铜。广东省农业科学院土壤肥料研究所对桂味荔枝叶片和枝条的分析结果表明，叶片的矿质元素含量排列顺序为：氮＞钙＞钾＞镁＞磷＞硼＞锌，枝条的矿质营养排列顺序为氮＞钾＞钙＞镁＞磷＞硼＞锌；郑立基的研究结果显示，在不同生长期养分元素的排列顺序均保持这一规律。因此，在荔枝重剪或回缩的条件下（如妃子笑每年修剪量较大），必须补充氮、钾、镁元素，以促进树体营养的恢复。

表 4-2 荔枝果实带走的养分量

单位：千克/吨

品种	养分带走量					
	氮（N）	磷（P_2O_5）	钾（K_2O）	钙（Ca）	镁（Mg）	硫（S）
三月红	1.35～1.88	0.31～0.49	2.08～2.52	—	—	—
妃子笑	1.61	0.28	2.32	0.25	0.19	0.14
淮　枝	1.76	0.28	2.32	0.25	0.19	0.14
糯米糍	1.61	0.27	2.32	0.25	0.19	0.14
桂　味	2.29	0.90	2.94	0.52	0.28	0.16

（综合材料）

（2）花序　花序的矿质营养含量均高于其他部位。广东省生态环境与土壤研究所研究结果，荔枝花序中的磷、钾含量均高于同时期的叶片含量，氮、磷、钾比例为1：0.11：0.56，开花所消耗养分顺序为：氮＞钾＞钙＞磷＞镁，因此，为了减少花序过度生长，减少营养消耗，防止花序过度生长对花性和坐果产生的不良影响，花期施肥必须与控花措施紧密结合。例如，妃子笑的花穗较长，消耗营养多，并且会大量产生雄花，对坐果相当不利，花期氮磷肥的使用必须谨慎，一是要防止混合花芽，二是要防止花穗的过度生长。常常把施肥与花穗生长的调控相结合，以保证有花又有果。

另外，开花需要较多的氨基酸。澳大利亚的研究结果表明，荔枝花穗中，赖氨酸、精氨酸、蛋氨酸、天门氨酸是雌雄率的主要营养成分，有利于开花坐果。开花期不良的气候条件会影响氨基酸向花穗的运转和合成，在花穗生长前期补充氨基酸和硼、钙元素有利于提高花的质量。荔枝有“惜花不惜子（果）”的说法，经常出现多花无果的现象，花期养分管理必须慎之又慎。

（3）根系 据报道，荔枝根系的矿质养分含量最低，氮和钾的含量最高，而铁和锌的含量高于其他器官。土壤的酸度（pH）达到7以上时首先影响的是根系对铁和锌的吸收。另外，荔枝常会感染共生菌根，感染后菌丝具有吸收养分的功能，从而增加根系对养分的吸收和利用。据杨晓红（2002）报道，荔枝栽种30天后，可观察到根系感染到菌根。增加有机肥的使用，可增加荔枝根系感染形成共生菌根的机会，提高荔枝对土壤养分和施肥的利用。

（4）果实 根据广东省农业科学院土壤肥料研究所的测定结果，荔枝收获期果实养分含量顺序为钾＞氮＞钙≥镁＞磷＞锌＞硼，表明在果实中，钾、钙、镁营养元素起着重要的作用。

因此，在荔枝营养生长和生殖生长中，氮、钾、钙、镁、磷都是需要量非常大的元素。注重这些元素的平衡施用，将对荔枝的营养水平起到决定性的作用。

3. 主要生长部位的养分动态变化

（1）叶片养分动态变化 综合三月红、黑叶、白蜡、妃子笑和糯米糍等有关测定结果，荔枝氮、磷、钾含量在秋梢老熟期最高，在盛花期有较大幅度的下降，在幼果期（并粒），氮和磷有所回升，而钾继续下降，到果实成熟期后，氮、磷、钾又显示下降。表明在秋梢生长和花穗发育期间，必须加强氮、磷、钾的补充，而果实生长后期，主要是加强磷和钾的施用。

叶片钙和硼含量在采果后开始下降，至花穗发育初期降至最小值，以后从花穗发育中期起逐步升高，到果实成熟期达最大值。叶片镁含量除采果后有所升高外，其余时期的变化与钙和硼相同。叶片锌含量一般结果梢生长期、开花坐果期和成熟期较高。中、微量元素的补充要参考叶片养分在不同时期的变化，这样才具有针对性。

（2）果实发育期养分的动态变化 据邱燕平（2005）的研究结果，荔枝开花当天的子房氮、磷、钾含量较高，其比例为6.36∶1∶2.94，氮＞钾＞磷；谢花后，由于开花消耗幼果的氮、磷、钾有所下降，授粉后12天和22天，幼果的氮含量高于磷1倍多，授粉后30～50天，氮、磷、钾处于较低的水平。50天达到最低，50天后，果肉迅速生长，氮、磷、钾含量急剧上升，比50天时分别提高44.4％、35.3％和61.5％，氮与钾的比例接近1∶1，可见果实发育后期需要大量的钾。果实的钙含量有两个高峰，一是雌花刚开至幼果子房分大小这一时期，二是果肉迅速生长至成熟期。因此，在雌花开放前的花穗抽生期到果肉迅速生长（果实膨大），应补充钙素，防止裂果。

程发良（1996）对三月红荔枝果实不同生长期的分析测定结果表明，幼果期、中果期和成熟果的微量元素含量比较顺序为：铁、锌、铜：熟果＞幼果＞中果；锰：中果＞幼果＞熟果；钼：幼果＞熟果＞中果，即在果实生长中期微量元素含量有一下降，后又上升。和钙的结果相似，微量元素的补充应在花穗期至果实膨大期。

4. 荔枝大小年与营养的关系　荔枝有些年份结果很多，有些年份结果很少，称为荔枝大小年结果现象。造成大小年的原因是多方面的，受气候影响如冬暖春涝对成花不利，是形成大小年的原因之一，也有遗传生理上的原因，但最主要的原因是对荔枝树体营养调节不适宜，施肥管理措施不恰当。如荔枝丰产之后，消耗了大量的养分，如果没有补充足够的养分，便不能形成新的结果母枝，或由于抽出新梢时间过迟，组织过嫩，新梢没有积累足够的营养物质，不能供给花芽分化所需要的养分，次年就不能开花结果或很少开花结果，而成为小年。小年结果少，养分相对积累多，于是容易生成大量的结果母枝，在适宜条件下，花芽分化良好，次年便大量开花结果，成为大年。在大年之后，如果没有加强荔枝园地的管理，又会形成小年。这种大年和小年的循环，是荔枝树体营养失调、生长和结果失去平衡所引起的。

在荔枝树体营养中，碳水化合物和氮是花芽分化的前提与重要的营养和能源，淀粉的累积对花芽的发育起重要作用。碳与氮的比值较大时有利于花芽分化和开花，反之，碳与氮的比值低，则不利于花芽分化，秋梢不能开花，或花穗出现冲梢。据彭坚（2004）对糯米糍、桂味、妃子笑、黑叶和淮枝的研究结果，各品种小年叶片的淀粉和总糖含量显著小于大年同期叶片淀粉、总糖含量和碳氮比值，秋梢叶片中的碳水化合物不足，氮含量过高和碳氮比例过低会对下年树体的生殖生长带来影响。花芽分化期和坐果期大年树叶片的硝态氮含量高于小年树，而在开花期则低于小年树，叶片磷钾含量基本上是以大年树高，极易裂果的品种如糯米糍、桂味，大年树叶片的钙含量较低，而小年树的钙含量较高。促进结果梢生长、按时成熟并有充足的碳水化合物贮存，是提高秋梢成花率的必要条件。

5. 荔枝裂果与营养的关系 荔枝裂果常在一些迟熟品种发生，如糯米糍、桂味、新兴香荔等，裂果与品种、果皮结构、水分有关，也与营养有很密切的关系。

据林兰稳（2001）的报道，糯米糍裂果与叶片和果实中的钾、钙、镁和硼有关，裂果率越低，叶片中的钙、镁和硼含量越高。裂果率还与果皮的氮钾比有关，裂果率越高，果皮的氮钾比越高。正常果实中果皮的钙含量明显高于裂果果皮中的钙含量。广东省农业科学院土壤肥料研究所采用氨基酸螯合钙，配合硼镁等微量元素进行喷施，取得了明显的效果（表 4-3），裂果率降低 42%，叶片和正常果实中果皮的钙含量分别提高 40%和 20.5%，镁含量分别提高 52.9%和 226.5%，而叶片和果皮中的氮、磷、钾均有所降低。综合荔枝裂果的研究，荔枝裂果与钙含量、钙与氮的比例、钙与硼的比例、钾与钙和镁［K/（Ca+Mg)］的比例有关。

表 4-3 喷施荔枝保果防裂配方对荔枝矿质营养含量的影响

项 目	N（%）	P_2O_5（%）	K_2O（%）	Ca（%）	Mg（%）	Si（%）
对照（果皮）	1.279	0.276	1.091	0.279	0.119	0.131
喷施（果皮）	1.204	0.250	1.000	0.393	0.182	0.038
对照（叶片）	2.258	0.235	0.907	0.754	0.113	0.112
喷施（叶片）	1.806	0.230	0.574	0.909	0.369	0.108

6. 荔枝叶片含量与产量的关系 由于影响荔枝结果和产量的因素相当复杂，在一般的条件下，难以反映营养与产量的关系，通过大范围的叶片养分含量和产量调查和比较，才能看出产量与养分的关系。广东省农业科学院土壤肥料研

究所对荔枝桂味品种的氮、磷、钾、钙和镁的叶片分析表明（表 4－4），高产组（产量 1 000～1 333 千克/亩）桂味荔枝的叶片平均含量分别为 1.74%、0.140%、1.07%、0.523%、0.229%和 0.139%，低产组（产量小于 333.3 千克/亩）的叶片养分含量分别为 1.47%、0.110%、0.865%、0.339%、0.200%和 0.104%，高产组比低产组养分含量增加值分别为 0.27%、0.03%、0.206%、0.184%、0.029%和 0.35%，增加值明显，并且高产组叶片养分值的稳定性远高于低产组。

表 4－4　不同产量水平荔枝叶片养分含量比较

组　别	产量范围（千克/亩）	N（%）	P（%）	K（%）	Ca（%）	Mg（%）	S（%）
高产组（n=36）	1 000～1 333	1.74	0.140	1.071	0.523	0.229	0.139
CV（%）	—	10.0	12.5	18.3	31.1	22.5	34.3
低产组（n=25）	105～333	1.47	0.110	0.856	0.339	0.200	0.104
CV（%）	—	11.3	56.0	16.6	36.2	31.2	63.4
t 值		6.8**	3.15**	4.73**	5.02**	1.91**	2.27**

对于一些挂果稳定的品种，在一般条件下可以看出叶片养分含量与果实产量的相关性。我国台湾省（Huang Wei Tin 等，1998）的研究结果表明，荔枝黑叶品种果实产量与开花期叶片氮含量成显著的相关关系（二次方程关系），产量最高时氮的养分值达 1.71%，果实产量与叶片磷、镁、钙和硼有高度的正相关，即产量越高，养分含量越高。因此，在其他栽培措施到位的条件下，荔枝产量与叶片养分是密切相关的。

值得一提的是，在高产条件下，荔枝养分元素含量之间有密切的相关。据广东省农业科学院土壤肥料研究所提供的研究材料，高产荔枝叶片氮与磷、氮与钙、钾与镁、钙与镁、钙与磷、钾与钙含量之间的相关性明显，而低产组只有氮与磷、氮与钙的相关性显著。可看出荔枝在养分达到较高水平的条件下，养分间的相互作用（即养分平衡）成为高产的重要因素。因此，在补充养分和纠正缺素的同时，要注意各种养分间的平衡及相互作用，发挥各种养分的平衡肥效是荔枝高产的必要条件。

五、荔枝的缺素症状

荔枝常见的营养失调症状有缺氮、氮过剩、缺磷、磷过剩、缺钾、缺钙、缺镁和缺硫，微量元素缺乏报道极少。现将荔枝常见缺素症状及矫正列于表 4-5。

表 4-5　荔枝常见缺素症状及矫正

营养失调类型	症　　状	矫正措施
缺氮	老叶变黄，叶变薄，易早落，果实少，花穗短而弱，严重时叶缘扭曲	及时施氮，喷施 0.5%尿素或硝酸铵，每 7 天 1 次，共 3 次
氮过剩	叶色浓绿，叶片薄、大、软，枝梢徒长，易感染病虫害，花穗长，果实转色慢	环割，犁翻根群，注意平衡施用钾肥和钙肥，注意控梢，防病虫害
缺磷	老叶叶尖和叶缘干枯，显棕褐色，并向主脉发展，枝梢生长细弱，果汁少，酸度大	及时深施磷肥，并配施有机肥，叶面喷施 1%的磷酸铵或磷酸二氢钾
磷过剩	类似氮过剩症状，严重时会显示缺锌症状	环割，犁翻根群，注意平衡施用钾肥，注意控梢

（续）

营养失调类型	症　状	矫正措施
缺钾	老叶叶片褐绿，叶尖有枯斑，并沿叶缘发展，叶片易脱落，坐果少，甜度低	及时施钾，喷施3次0.5%硝酸钾或磷酸二氢钾，每隔10天喷1次
缺钙	新叶片小，叶缘干枯，易折断，老叶较脆，枝梢顶端易枯死，根系发育不良，易折断，坐果少，果实贮藏性差	合理施用石灰，喷施0.5%硝酸钙或螯合钙
缺镁	老叶叶肉显淡黄色，叶脉仍显绿，显“鱼骨状失绿”，叶片易脱落	及时施用镁肥，喷施0.5%硫酸镁或硝酸镁，注意钾、钙、镁的平衡施用
缺硫	老熟叶片沿叶脉出现坏死，显褐灰色，叶片质脆，易脱落	加强施用有机肥料和含硫肥料，喷施0.5%硫酸钾或硫酸镁
缺锌	顶端幼芽易产生簇生小叶，叶片显青铜色，枝条下部叶片显叶脉间失绿，叶片小，果实小	喷施0.25%硫酸锌或螯合锌
缺硼	生长点坏死，幼梢节间变短，叶脉坏死或木栓化，叶片厚、质脆，花粉发育不良，坐果少	喷施0.3%硼砂或硼酸

必须注意的是，荔枝显示营养失调症状最终的原因并不一定是养分供应不足。如砧木与接穗不亲和极易产生类似“缺素症”的症状；土壤酸性强的情况下，荔枝根系易受铝毒害，导致地上部生长不良也易产生类似“缺素症”的表象；病毒、线虫、天牛侵蚀和不良气候条件会影响树体养分的运转，产生类似“缺素症”的现象。总之，缺素诊断必须结合气候、土壤条件、栽培措施、病虫害状况进行综合分析，找出“病”根，才能对“症”下药。

近年来，由于果树生长环境的恶化，荔枝常常会出现由于环境污染造成的症状，如在陶瓷厂、烧砖厂周围的荔枝园常会出现叶片边缘失绿、变黄、变灰黑以及荔枝开花期幼果没有种子的现象，据研究，这是由于烟道排放气体导致大气中的二氧化硫和氟含量过高所致。另外，养猪场周围常种植荔枝，使用大量的有机肥（猪粪和猪粪水），会出现秋梢叶片变黄、易脱落的现象，据广东省农业科学院土壤肥料研究所测定，大量使用猪粪和猪粪水，会使荔枝根部土壤的 pH 达到 3.5 以下，显示强酸性，并且表层土壤盐含量大为提高，根系出现珊瑚状根以及根皮与根骨（木质部与韧皮部）相分离的现象。这种过酸、过盐和过肥的土壤会对荔枝生长造成严重影响，如黄叶、结果梢脱落等。

六、荔枝的叶片分析诊断

1. 诊断部位 目前国内外对荔枝叶片诊断的采样部位有如下 3 种方法：

①3～5 月龄秋梢顶部倒数第二复叶的第 2～3 对小叶（时间为北半球的 12 月份），我国大陆多采用这种方法。

②秋梢成熟至花穗出现 1～2 周时花穗下面的叶片，以澳大利亚和我国台湾省较多采用。

③坐果后 8～10 周挂果枝的叶片，以南非和新西兰采用较多。

2. 荔枝叶片营养诊断标准 表 4-6 和表 4-7 列出国内外荔枝叶片诊断的适宜值，可作为解析叶片分析结果时使用。

表 4-6　荔枝叶片营养元素的适宜指标

品种	营养元素含量					引用文献
	N	P	K	Ca	Mg	
糯米糍	1.50～1.80	0.13～0.18	0.70～1.20	—	—	倪耀源等，1990
淮枝	1.40～1.60	0.11～0.15	0.60～1.0	—	—	倪耀源等，1990
兰竹	1.50～2.20	0.12～0.18	0.70～1.40	0.30～0.80	0.18～0.38	王仁玑等，1988
陈紫	1.40～1.80	0.12～0.17	0.80～1.20	—	—	梁子俊等，1984
大造	1.50～2.0	0.11～0.16	0.7～1.20	0.30～0.50	0.12～0.25	陈国平等，1986
禾荔	1.6～2.3	0.12～0.18	0.80～1.40	0.50～1.35	0.20～0.40	陈国平等，1986
桂味	1.56～1.92	0.12～0.16	0.87～1.26	0.36～0.68	0.18～0.28	广东省农业科学院土壤肥料研究所，2004
大红袍	1.60～2.00	0.10～0.20	0.70～0.14	—	—	李荣昌，1994
三月红	1.91～2.28	0.20～0.26	1.08～1.37	—	—	何永勤等，1999

（综合材料）

表 4-7　我国台湾和国外荔枝叶片诊断标准

元　素	国　家				
	中国台湾	新西兰	南非	以色列	澳大利亚
N（%）	1.60～1.90	1.5～2.0	1.30～1.40	1.50～1.70	1.50～1.80
P（%）	0.12～0.27	0.1～0.3	0.08～0.10	0.15～0.30	0.14～0.22

（续）

元　素	国　　家				
	中国台湾	新西兰	南非	以色列	澳大利亚
K（%）	—	0.7～1.4	1.00	0.70～0.80	0.70～1.10
Ca（%）	—0.60～1.11	0.5～1.0	1.5～2.50	2.00～3.00	0.60～1.00
Mg（%）	0.30～0.50	0.25～0.60	0.40～0.70	0.35～0.45	0.30～0.50
Cl（毫克/千克）	—	<0.1%	—	0.30～0.35	<0.25
Na（毫克/千克）	—	—	—	300～500	<500
Mn（毫克/千克）	100～250	40～400	50～200	40～80	100～250
Fe（毫克/千克）	50～100	25～200	50～200	40～70	50～100
Zn（毫克/千克）	15～30	15～25	15	12～16	15～30
B（毫克/千克）	25～60	15～50	25～75	45～75	25～60
Cu（毫克/千克）	10～25	5～20	10	—	10～25
引用文献	Huang，1998	注	Call，1977	Galan sauco，1987	Menzel，1992

注：材料引自“Fertiliser Recommendations for Horticultural Crops”，The Horticulture and Food Research Institute of New Zealand Ltd. 1995。

3. 荔枝养分平衡诊断　据印度报道（Hundal，1995），在荔枝上采用诊断与推荐综合系统（简称 DRIS），建立了荔枝氮、磷、钾营养平衡诊断的标准，应用这一标准可计算出氮、磷、钾养分指数，判别养分的缺乏、不平衡和过量，并且该标准不受品种、叶片采样部位和采样时间的限制，具有方便、灵活和客观的特点。

七、荔枝土壤养分测试及测定值的判断应用

1. 荔枝土壤养分测试　目前国内在荔枝土壤测试方面

通常采用如下方法：

（1）第二次全国土壤普查规定的方法和判别标准　这种方法在荔枝土壤测定和判别中应用最为广泛，但也存在较多的缺点，如缺少中量元素（钙、镁、硫）的分级指标。

（2）土壤养分状况系统研究法　在中国农业科学院中（中国）—加（加拿大）合作实验室和各省的土壤肥料研究所较多采用。这种系统把土壤养分测定、养分吸附试验和指示植物的盆栽试验相结合，判别结果较为准确，缺点是程序较为复杂。在实际应用中，土壤养分测定结果可直接根据判别标准来判别土壤养分值的高低。

（3）《测土配方施肥技术规范》测试方法　从2005年以来，在全国开展的测土配方施肥行动，农业部为了指导全国各地测土配方施肥工作的开展，制定了《测土配方施肥技术规范》，在本规范中，提出了对土壤的各种养分的有关检测分析方法，各地可结合当地的实际，选用适合本地实际的测试方法。

2. 测定值的判别和应用　土壤测试后，测试部门一般会对养分测定值的高低作出判断，并提供测试报告。如果只提供测试值，可根据表4-8和表4-9判别养分的高低，凡养分测定值在“缺乏”或“低”范围或以下的，就需施用含该养分元素的物料。也可以咨询测试部门和专业研究机构。

由于果树的复杂性，目前还没有直接根据养分值直接确定施肥量的技术和方法，科研部门提供的推荐施肥方案一般是根据平衡施肥区域试验结果，结合土壤养分和叶片分析结果加以调整从而制定出来。

表 4-8 土壤养分分级指标

分级	全氮 (N) (克/千克)	全磷 (P_2O_5) (克/千克)	全钾 (K_2O) (克/千克)	有机质 (%)	水解氮 (N) (毫克/千克)	速效磷 (P_2O_5) (毫克/千克)	速效钾 (K_2O) (毫克/千克)
极缺乏	<3	<4	<6	<0.5	<30	<5	<50
缺乏	3～8	4～8	6～10	0.5～1.5	30～60	5～15	50～80
中等	8～16	8～12	10～15	1.5～3.0	60～90	15～30	80～150
丰富	16～30	12～18	15～25	3.0～5.0	90～120	30～80	150～200
极丰富	>30	>18	>25	>5.0	>120	>80	>200

表 4-9 土壤有效态微量元素的分级及临界值

微量元素	极低	低	中等	临界值
铜（有效态）	<0.1	0.1～0.2	0.3～1	0.2
硼（水溶态）	<0.25	0.25～0.50	0.6～1.0	0.50
钼（有效态）	<0.1	0.1～0.15	0.16～0.20	0.15
锰（代换态）	<0.1	1.0～2.0	2.1～3.0	3.0
锌（有效态）	<0.5	0.5～1.0	1.1～2.0	0.5

3. 石灰施用量的确定 石灰的使用通常作为果园土壤管理的重要措施，特别是在采果后结合清园时施用石灰，既可以补充土壤中所缺的钙素，也可调节土壤酸性和杀菌消毒。但是有的地方果园使用石灰带有较大的盲目性，其实可根据土壤测试结果计算出石灰的使用量。

(1) 估测使用部位的土壤重量

例 1：计算新植坑（1.0 米×1.0 米×1.0 米）的土壤重量，若为黏质土其重量为：1.0×1.0×1.0×1.15＝1.15（千千克）＝1 150（千克）；若为砂质土其重量为：1.0×1.0×1.0×1.25＝1.25（千千克）＝1 250（千克）。

例 2：若荔枝树冠幅（即树冠平均直径）为 2 米，施用石灰时，要在滴水线内外 15 厘米范围开挖深度为 20 厘米的施肥沟。该范围的土壤重量（千克）：黏质土 3.14×施用部位的体积×1.15×1 000；砂土为 3.14×施用部位的体积×1.25×1 000。其中施用部位的体积（单位为米^3）为：3.14×［（冠幅/2＋施用宽度/2）^{2}－（冠幅/2－施用宽度/2）^{2}］×土壤深度，以本例计算：3.14×［（2/2＋0.15×2/2）^{2}－（2/2＋0.15×2/2）^{2}］×0.2＝3.14×（1.15^2－0.85^2）×0.2＝0.36（米^3）。

则黏质土重量为：0.36×1.15×1 000＝414（千克）

砂质土重量为：0.36×1.25×1 000＝450（千克）

（2）*石灰施用量的确定*

①简易方法。根据土壤酸度（pH）的测定结果，按表 4-10 计算石灰施用量。

表 4-10 酸性土壤改良所需的石灰石粉用量

土壤 pH	石灰石粉用量（千克/吨）		
	砂土	壤土	黏土
6.0	0.5	0.8	1.2
5.5	1.1	1.8	2.5
5.0	1.6	2.7	3.6
4.5	1.9	3.6	4.9
4.0	2.5	4.2	5.6

注：若施用的材料为熟石灰时应为本表数值×0.95。

例 1 中若土壤的酸度（pH）为 4.5，黏土的石灰石粉用量为：4.9×1 150/1 000＝5.6（千克）；砂土的石灰石用量为：1.9×1 250/1 000＝2.4（千克）。

例2中若土壤的pH为5.0，黏土的石灰石用量为：3.6×414/1 000＝1.5（千克）；砂土的石灰石用量为：1.6×450/1 000＝0.72（千克）。

②根据石灰施用量试验室的测定结果计算。

测定石灰用量的实验室测试方法有多种，在请测定人员解析测定结果时，可要求把测试结果的单位化为每吨土施用若干千克石灰量，再根据施用部位的土壤重量估测值来计算石灰用量，方法同上。再强调一下，若物料为熟石灰，按表4-10的要求乘以系数。

4. 氮、磷、钾施用量的确定 由于果树的特殊性，目前氮、磷、钾施用量主要通过养分配比试验决定养分的用量和比例，还没有形成直接通过土壤测定值来决定施肥量的技术。表4-11为我国荔枝主产区荔枝施肥量研究的报道。

表4-11 我国荔枝主要品种氮、磷、钾等养分施用量

品种	施肥量（千克/株）					目标产量（千克/株）	资料来源
	氮（N）	磷（P_2O_5）	钾（K_2O）	镁（Mg）	硫（S）		
妃子笑	1.2～3.5	0.7～1.9	1.5～3.5			50.0	华敏
淮　枝	0.8～1.0	0.4～0.5	0.9～1.2			50.0	
糯米糍	0.52～0.85	0.21～0.34	0.52～1.07	0.52～0.55	0.10～0.17	100.0	
桂　味	0.64～0.85	0.26～0.34	0.68～1.07	0.11～0.85	0.10～0.17	100.0	
陈　紫	0.25～0.5	0.25～0.5	0.75～1.5			23.4～30.1	戴良昭
兰　竹	0.8	0.5～0.8	1.0～1.6			50.0	戴良昭
三月红	0.4～0.54	0.24～0.32	0.43～0.65			7～10	何永勤

注：资料来自广东省农业科学院土壤肥料研究所的成果资料。
（综合材料）

在制定施肥方案时，可根据土壤测试结果对施肥量作出调整。其原则是：以当地同一品种相近树龄的中上产量作为目标，根据土壤测试结果呈现缺乏或较低的元素，则按上表确定施肥量。若有的元素养分含量较高，达到丰富的水平，则按上表施肥量减少 1/3 左右。

国外荔枝施肥量参见表 4-12。

表 4-12　国外荔枝施肥量

国家	施肥量（千克/株）			注
	氮（N）	磷（P_2O_5）	钾（K_2O）	
孟加拉国（幼年树）	0.15	0.30	0.20	每年增施氮 0.05 千克、磷 0.20 千克、钾 0.125 千克，至 6 年生
孟加拉国（成年树）	0.7	0.30	0.2	—
澳大利亚	0.37～0.60	0.068～0.245	044～0.73	
印度	0.6～0.8	0.2～0.3	0.4～0.6	配施 0.15～0.20 千克的硫酸锌和 0.15～0.20 千克的硫酸镁
南非	0.27～0.70	0.054～0.4	0.20～0.45	
美国	0.43～0.76	0.32～0.88	0.46～0.69	
尼泊尔（幼年树）	磷酸二铵 0.10 千克、氯化钾 0.10 千克、尿素 0.10 千克			
尼泊尔（成年树）	6 年生施磷酸二铵 0.15 千克、尿素 0.10 千克、氯化钾 0.10 千克，以后各种肥料每年增加 0.10 千克，至 15 年生达最大值			
泰国	每株施用下列配方（氮、磷、钾）的复合肥 10～12 千克：8-24-24，9-25-25，15-15-15，16-16-16，25-7-7，13-13-21，12-12-17-2（Mg）			

5. 中微量元素用量的确定　广东省农业科学院土壤肥料研究所在采用土壤养分状况系统研究法进行营养诊断的基础上，按该方法确定的最适中微量元素用量，进行试验比较，表明只采用氮、磷、钾配施，比氮、磷、钾及中、微量元素配施减产 29.7%，不施钙、镁、硼和锌的减产率分别

为17.3%、17.9%、15.1%和13.4%，这些结果说明采用土壤养分状况系统研究法对中、微量元素的诊断较为准确（表4-13）。

表4-13 土施不同微量元素的增产效果

处理	鲜果产量（千克/株）	增产（%）
氮磷钾	13.8	29.7
氮磷钾＋镁硼锌	14.8	17.3
氮磷钾＋钙硼锌	14.7	17.9
氮磷钾＋钙镁锌	15.2	15.1
氮磷钾＋钙镁硼	15.5	13.4
全肥施用（氮磷钾＋钙镁硼锌）	17.9	100

注：施用量每100千克挂果树施钙1.28千克、镁0.096千克、硼10克和锌25克。

八、荔枝施肥技术

由于大多数荔枝种植在丘陵山地，土壤存在着旱、酸、瘠、黏（砂）、水土流失等严重问题，在果树定植前需要进行土壤改良，促进土壤熟化，创造疏松肥沃、透水通风的土壤环境。为了使果树壮根茂叶，为夺取高产、稳产奠定物质基础，通常在定植果树前进行种植穴土壤改良，定植后再扩穴至全园改良。一般每个种植穴（1米见方）施用腐熟有机肥100～200千克、磷肥（过磷酸钙或钙镁磷肥）2～3千克、石灰石粉3.0～5.0千克。采用分层施用，即采用有机肥（磷肥）—回填土（石灰）—有机肥（磷肥）—回填土（石灰）的层状结构，定植穴的上部表土与部分石灰混匀后回填，在回填土后种植果苗。回填土应高出植株基部10～15厘米，以保持新植果苗逐渐适应环境，使根系向肥沃部位伸展。幼年树扩穴改土次数一般每年 3～4 次，可在植株不同方向挖沟（深度 0.5 米，长度 0.5 米），每株每次施腐熟有机肥 30～50 千克、石灰 0.5～0.7 千克、磷肥 1～2 千克。按扩穴同样方法分层施用。果树挂果后每年扩穴一般在采果结束后和冬至前后两次，每年各在两个方向挖环沟，方法与幼龄树同。

1. 幼年树施肥 采用少量多次的方法，通常在每次梢萌动前施用，年施 4～6 次。第一年施用氮肥（尿素）0.1～0.15 千克、磷肥（过磷酸钙）0.05～0.1 千克，并在秋梢萌动前加施一次氯化钾 0.2～0.3 千克；第二、第三年施氮肥量增加 1～2 倍，施用钾肥次数增加 2～3 次。

2. 成年树施肥 成年树施肥一般每年 3～4 次，施用时要做到施肥效果与生长要求同步。要根据所施肥料品种的肥效快慢来决定何时施肥能满足荔枝生长的需要（表 4-14）。

表 4-14 常用肥料肥效速度

肥料种类	肥效速度（%）			开始见效天数（天）
	第一年	第二年	第三年	
硫酸铵	100	0	0	3～7
硝酸铵	100	0	0	5
尿素	100	0	0	7～8
过磷酸钙	45	35	20	8～10
猪粪	45	35	20	15～20
粪	65	25	10	10～15
牛粪	25	40	35	15～20
羊粪	45	35	20	15～20
人尿	100	0	0	5～10
草木灰	75	15	10	15
骨粉	30	35	35	15

（1）攻梢肥的施用　以施用速效肥料为主，每株施用尿素0.8～1.0千克、磷肥0.2～0.4千克、氯化钾0.3～0.5千克，可分两次施用，一次在采果前7～10天，采果后迅速修剪。在第一次梢成熟时施第二次肥。施用肥料的深度以20～40厘米为佳，即施用时把肥料与土混匀或对水50倍后淋土，然后盖土。若要施用有机肥最好在采果前7～10天与化肥一同施用，每株施花生麸3千克。另外，在秋梢老熟后，可结合清园施用石灰，可参见前面所述的石灰施用量确定的内容。有机肥的施用最好在温度较低而且比较稳定时，如广州地区的冬至。速效有机肥如花生麸、人畜尿最好不要在这个时期施用，以免引发冬梢的长出。建议以施用迟效的有机肥，如草料、牛粪，并每100千克有机物料加磷肥1～1.5千克、石灰0.5千克，对水10千克开沟施用。

（2）花肥　在花芽分化（结果梢起红点时）期使用，每株施尿素0.3～0.5千克、磷肥0.4～0.6千克、钾肥0.3～0.5千克，撒施或穴施均可；另外，在花穗长至10～15厘米，每株施硼砂50克、硫酸镁200克、硫酸锌80克、磷肥0.2～0.25千克、钾肥0.3～0.5千克。施用方法同上。

（3）果肥　在谢花后7～10天和果实膨大期使用，以重施磷、钾肥为主，第一次施用时要看叶色，若叶色淡绿、老叶浅黄时，施尿素0.1千克、磷肥0.1～0.2千克、钾肥0.2～0.3千克；当叶色浓绿时，不施氮肥，磷肥减半。第二次施肥要注意氮源的选择，每株施用硝酸钙0.2～0.3千克、磷肥0.2～0.3千克、氯化钾0.3～0.5千克，方法同上。也可以结合施用有机速效肥料，如花生麸、粪、牛尿等。

3. 水肥一体化施肥技术　近年来，荔枝采用水肥一体化施肥技术已经逐渐得到应用和果农的接受，正在华南地区逐步推广。由于采用水肥一体化施肥技术能及时提供适当的水分和养分，满足荔枝营养生长中所需的及时性和定量性，它可以在短时间内对大面积荔枝园进行施肥灌溉（深圳西丽果场 780 亩荔枝可以在 24 小时内完成施肥灌溉，而常规方法则需要 7～10 天）。连续几年的对比试验结果均表明，荔枝采用水肥一体化施肥技术，可以显著地提高荔枝的产量和品质，主要原因是增加了坐果率，果实增大，果实中大果的比例明显提高。

第五章 龙眼测土配方施肥技术

一、我国龙眼种植区域布局

龙眼又名桂圆、龙目、圆眼等，鲜果肉质晶莹，甘甜爽口，营养丰富，深受人们喜爱，经济价值较高，是我国南亚热带特产名果，并被视为珍贵的滋补品。明代药理学家李时珍曾有“滋益以龙眼为良”的评价。龙眼果肉含有丰富的维生素 C 和维生素 K，对增进人体健康和抵抗疾病有裨益。龙眼肉被广泛用作医药滋补剂，有补心益脾、养血安神的功效，加工制成的龙眼干、桂圆肉、果膏和糖水罐头等，畅销国内外市场，很受欢迎。龙眼在我国具有悠久的栽培历史，2000 多年前已有栽培种植，而且我国龙眼的栽培面积和产量也位居世界首位，主要分布于广西、广东、福建和台湾等南方省（自治区），此外，海南、四川、云南和贵州等省也有一定的栽培面积。据农业部有关资料，2008 年我国龙眼种植面积为 593.74 万亩，总产量达 124.19 万吨，总产值达到 41.46 亿元。其中广西壮族自治区种植龙眼 237.39 万亩，总产量 39.86 万吨，总产值 14.75 亿元；广东省种植龙眼 193.44 万亩，总产量 57.48 万吨，总产值 17.59 亿元；福建省种植龙眼 125 万亩，总产量 22 万吨，总产值 5.3 亿元。世界上栽培龙眼的国家和地区还有泰国、越南、老挝、缅甸、斯里兰卡、印度、菲律宾、马来西亚、印度尼西亚、马达加斯加、澳大利亚、美国等。除泰国外，大多为少量种植。近年来，泰国龙眼生产和出口发展较快，主要出口到马来西亚、新加坡和我国香港，部分出口到我国大陆，在市场上成为我国的主要竞争对手。

二、龙眼的生长发育特性

龙眼属无患子科龙眼属乔木，是典型的亚热带多年生常绿植物，性喜温暖，怕霜冻，耐旱、耐瘠、耐阴，适宜生长在年平均气温 20～22℃的地区，冬季一段冷凉的气候有利于花芽分化，但不宜处于连续－1～－2℃的气候中，长期低于－4℃的地区不宜栽培龙眼，而冬春天气过暖也不好，花穗少，发育不良，落花落果严重。龙眼树体高大，树冠圆头形或半圆形，枝叶繁密、浓郁；根系发达、庞大，分布深广并具有菌根，能耐旱、耐酸、耐瘦瘠，也能耐短期水淹，但不能长期积水。在正常栽培管理条件下，龙眼的经济寿命可长达数十年，寿命已经几百年仍正常生长且开花结果的龙眼树并不罕见。龙眼实生苗种植后需 7～8 年，甚至 10 年以上才开始结果，但现代栽培一般都采用嫁接苗或圈枝苗种植，一般 3 年后开始结果，6～7 年进入丰产期，且树形较矮，分枝低，树冠整齐，便于管理操作。龙眼对土壤条件具有较强的适应性，除少部分地区种植在平地或冲积地外，目前绝大部分种植在红壤和砖红壤过渡性土壤地区的旱坡地和低缓丘陵坡地，也有的在海拔数十米的山地上种植。此类土壤表现出相当显著的酸、旱、瘠等特征，但龙眼具有较广泛的适应能力，只需具备较深厚的土层，并在栽培中注意土壤的改良熟化和平衡施肥，一般都能获得较好的产量和良好的果实品质。然而，外界环境中光、温、水、风等自然因素也都可能对龙眼的生长、产量及品质构成较大的影响。

龙眼挂果期 3～5 个月，周年进行根系生长，多次抽发新梢，有利于树体营养物质的积累。但是，气候的季节性变化影响到龙眼不同物候期对养分的需求，所以，龙眼的早结丰产、优质稳产，必须根据其生长规律和营养特点，合理地调控树体营养平衡，培育健壮的结果母枝，控梢促花，疏花疏果，保果壮果，提高果实品质。

根系、枝（干）、叶是龙眼的营养器官，承担生长发育过程中对水分和养分的吸收以及营养物质的合成、运输、贮存等功能，其良好的生长状况与龙眼的优质、丰产密切相关。花和果实是龙眼的生殖器官。

龙眼根系由粗壮庞大的垂直根和水平根组成。垂直根可入土 3 米以上，主要是固定树体、运输和贮藏养分、水分；水平根是吸收根系，其分布约为树冠的 1.5～3 倍，分枝能力远强于垂直根。水平根一部分向新土层延伸，扩大根系分布范围；另一部分从土壤中吸收水分和矿质营养，并合成部分内源激素和其他生物活性物质。由于龙眼根系的菌根具有好气性，因此吸收根一般分布在 10～100 厘米土层范围内，但以 50 厘米以内为主。龙眼的断根再生力强并拥有内生菌根，有利于对矿质营养和水分的吸收，可增强其抗逆性，尤其有利于对磷的吸收利用。龙眼根系一年中呈周期性生长，与地上部枝梢生长交替进行；土温大于 15℃时新根开始活动，高于 33℃进入休眠状态，最适生长温度为 23～28℃；一般具有春、夏、秋 3 个生长高峰期，而成年树则在 10 月中下旬秋梢充实期又形成一个吸收根生长的小高峰，此期根系生长对花芽分化有一定促进作用。培育发达水平根是龙眼栽培的重要目标，必须通过发达的水平根系增强养分和水分的吸收能力，才能保持健壮的地上部生长。在根系生长高峰期内进行施肥，可显著增加养分的吸收，提高肥料利用率。

根据各自担负的不同功能，龙眼的树枝分为营养枝和生殖枝（结果母枝）。树枝的生长一是加长、二是增粗，还与其他植物一样存在顶端优势、垂直优势的主枝成层状排列。龙眼每年抽 3～4 次梢，春梢和秋梢各 1 次，夏梢 1～2 次，冬梢很少发生，其中春梢长势较差，通常不能形成良好的结果母枝。夏梢是重要的枝梢，生长较为充实，分枝较多，是萌发秋梢的重要枝梢，也可成为来年的结果母枝。秋梢是最佳的翌年结果母枝，秋梢抽生老熟后，在冬初开始有一段停止生长时期，积累足够的养分，待来年早春进行花芽分化，之后抽生花穗并开花结果。充足的营养物质的积累是促进秋梢发育形成结果母枝的重要基础条件，而营养物质的积累与营养生长关系密切，树体生长健壮、枝叶生长良好是前提，秋末冬初停止新梢抽生，秋梢老熟是由消耗占优势转为积累占优势，为花芽分化、抽生花穗积累丰富的营养物质。因此，科学平衡施肥，培养强壮的秋梢作为来年的结果母枝，是克服龙眼大小年结果现象，保证丰产、优质的有效措施。

叶是进行光合作用制造有机营养物质的主要器官，其生长从幼叶出现、展叶到面积不断增大、转绿老熟为止，全过程一般需要 45～60 天。龙眼在抽穗时常伴有新叶的抽生，如果气温较高，会出现由于嫩叶生长势较强而显著争夺营养，抑制花芽分化和花穗生长发育，使花穗变成春梢而出现所谓“冲梢”现象。因此，需要在叶片展开前应用人工或化学手段及时除去花穗的春叶，直到开花为止。

花芽生理分化一般出现在 12 月至翌年 1 月，此时要求枝叶等营养器官停止生长以促进物质的积累，一般相对干旱和适当低温较有利于花芽生理分化。龙眼花穗一般在 2 月上旬至 3 月下旬抽生，此后开始形态发育逐渐形成完全花穗。在此期间必须防止“冲梢”。龙眼“冲梢”主要受气温的影响，在气温相对较低（3～14℃）时一般都不会出现“冲梢”。由于“冲梢”严重影响产量，出现“冲梢”时必须积极采取措施补救，如立即摘除花穗上的小叶和顶芽，减少养分消耗，使已形成的花蕾不致脱落，虽然费工但较为有效。龙眼开花期一般在 4 月中旬至 5 月下旬，依地区、品质、气候、树势、抽穗期等而异。单穗的花期在 20 天左右，全树的花期在 30 天以上，在同一果园内，同一母树的雌花、雄花常交错并存，因而龙眼的授粉机会较多。龙眼开花期间营养的消耗很大，据测试，龙眼花器含氮 7.4～13.72 克/千克、磷 1.69～4.82 克/千克、钾 17.38～26.52 克/千克。

开花受精后开始坐果，正因为龙眼的授粉机会多，龙眼坐果率很高，一般可达 20%，高者可达 40%，但生理落果现象也较明显。开花结果与天气有密切的关系，开花期如果天气晴朗，气温高，湿度较大，则花芽盛，流蜜多，坐果率高。龙眼受精后半个月内有一次落果高峰期，主要是由于授粉受精不良出现的生理落果。生理落果以开花授粉后 3～20 天（5 月中旬至 6 月上旬）最多，约占总落果数的 40%～70%以上，此期落果与花器发育不良和授粉受精不良有关，而花器发育和授粉受精又与气候因素关系密切；6 月中旬至 7 月中旬可能会出现第二期生理落果，这期落果主要因肥水不足、营养不良引起，会严重影响产量；病虫为害及其灾害性天气（阴雨连绵、暴雨、大风、干旱等）会加剧落果。因此，6 月中旬以后果实发育后，肥水的充足供应对提高产量有着密切关系。

三、龙眼的营养及缺素症状

龙眼在整个生长过程中，每年不停地进行着枝叶生长、花芽分化和开花结果，因此，必须不断地从土壤中吸收养分，以满足龙眼整个树体营养生长和生殖生长的需要。研究表明，每收获 1 000 千克龙眼鲜果，平均需吸收纯氮（N）4.01～4.8 千克、五氧化二磷（P_2O_5）1.46～1.58 千克、氧化钾（K_2O）7.54～8.96 千克，所需氮、磷、钾的比例（$N:P_2O_5:K_2O$）为 1∶0.28～0.37∶1.76～2.15。

龙眼的营养特性之一是生命周期长，营养要求高。在整个生命周期中经历不同年龄时期，在幼龄生长、低龄结果、壮年盛果、老龄衰老和更新等各个阶段具有不同的营养特点。

龙眼的营养特性之二是树体营养和果实营养的均衡与协调较差，营养生长与生殖生长容易失调，属于大小年结果现象严重及产量稳定性较差的果树种类。除生物学特性及气候因素外，与生产上普遍存在的栽培管理粗放、尤其是忽视果园土壤的定向培肥有关。研究指出，加强土壤培肥管理，不仅能促进其根系生长，增强树势，保持植株营养枝与结果枝数量的相对平衡，而且可以改善树体的营养状况，对提高果实产量及品质有明显的作用。因此，在每年生长周期中，只有二者协调发展，才能获得果实的高产、优质。

龙眼的营养特性之三是龙眼的必需营养元素间要平衡供

应，如果出现一种和数种营养元素供应不足，则不仅会显著影响鲜果的产量和品质，还会对树体营养与生长发育产生不利影响。

龙眼与其他植物一样，在生长发育过程中必须吸收利用的矿质营养元素包括氮、磷、钾大量元素，钙、镁、硫等中量元素，以及硼、铁、锰、锌、铜、钼、氯等微量元素。对氮、磷、钾吸收量的顺序为：氮>钾>磷，龙眼对钙和镁的需求量也很大。主要矿质营养元素对龙眼生长发育具有各自特有的功能及作用，现分述如下：

（1）氮　龙眼树中的氮，40％以上贮存在叶片中，可促进龙眼树体的营养生长，使幼树快速成形，促使老树复壮，增加鲜果产量，提高品质。研究证明，施用氮肥明显促进枝叶生长和果实发育，龙眼的产量和氮肥用量（或土壤含氮量）在一定范围内呈明显的正相关。龙眼缺氮会造成枝梢生长不良，叶绿素含量降低，叶片黄化，落叶、落花、落果严重，根系不发达，植株矮小，抗逆性下降，明显减产或加大了大小年相差幅度，果实品质降低，经济寿命缩短。但是，氮肥供应过量又易造成枝叶徒长，引起“冲梢”，甚至不能结果，落花、落果，果实品质下降。

（2）磷　磷素营养是龙眼生长活动的重要元素，可促进花果发育，增加果实甜度和提高果实品质，提高抗寒及抗旱能力，磷主要聚积在新梢、新根、果实和细胞分裂活跃的部分。龙眼缺磷，新根、新梢和叶片生长发育不良，花芽分化质量差，果实品质下降，抗逆性降低。但磷过量会因影响树体对铁、锌、铜、硼的吸收和转化，同样造成生长发育不良。

（3）钾　钾素营养对树体内有机物的合成、运输、转化有重要作用，钾可促进树体内糖的转化和运输，促进果实的膨大和成熟，提高果实品质及其耐贮性；还直接影响光合作用、呼吸作用及树体的抗性。果实的钾含量最高。良好的钾素营养可使龙眼枝条充实加粗、叶片增厚，促进组织成熟。龙眼缺钾会使果实变小，产量和品质下降，影响新梢生长发育，引起枯枝和细弱枝，抗性下降。在大年因结果多、耗钾量大，更易产生缺钾。钾过量则会影响对钙、镁等元素的吸收，可抑制营养生长，同时也影响果实的生长发育。

（4）钙　钙素营养起着平衡生理代谢活动的作用，钙对根尖的正常生长和根功能的发挥具有重要作用，对促使叶片内的碳水化合物向果实运转也有明显作用。缺钙影响氮和其他养分的吸收和正常代谢，影响光合产物的运输，使根尖等新生长点明显受害，新根变短粗、弯曲，叶片小，严重时新生枝条枯死。土壤酸性过强或钾供应过高都可能引起钙的缺乏。钙过多则使土壤变碱和板结，使硼、铁、锰、锌、氯等营养元素的有效性降低。

（5）镁　镁是叶绿素形成的重要成分，能提高龙眼叶片的光合效率，促进果实增大，促进维生素 A 和维生素 C 的形成，对提高果实产量及品质有重要作用。缺镁使叶片失绿黄化，果穗生长缓慢，果实变小、品质下降，还妨碍对氮、磷的吸收。土壤中钠、钾、磷过多或氮不足都易引起缺镁。此外，镁在酸性土壤中容易淋失。

（6）铁　铁与叶绿素的形成、氮代谢和蛋白质合成关系密切。缺铁会使体内氮代谢失调而以氨形态大量积累，木质部中毒坏死，叶片失绿黄化。然而，华南龙眼园土壤多呈酸性或强酸性反应，有效铁含量一般都较丰富，出现缺铁概率非常小。

(7) 锌　锌是许多酶的组分，参加体内生长素的代谢。因此，缺锌时新梢顶部叶片狭小或枝条纤细，节间短，小叶密集丛生，质厚而脆；花芽分化不良，果小畸形。瘠薄的丘陵山地易发生缺锌。雨水多、伤根多、修剪过重的龙眼园也易出现缺锌。

(8) 锰　锰是叶绿素的组成成分，还是呼吸代谢酶的激活剂。供锰充足可提高龙眼维生素C的含量，锰在维持龙眼生长发育正常生理活动中起着重要作用。缺锰时，树体内蛋白质、碳水化合物代谢受影响，叶绿素含量低，叶片黄化成花叶。华南龙眼园土壤目前一般含锰丰富，较少出现缺锰问题。

(9) 硼　硼可促进细胞壁、输导组织木质部的形成，促进细胞分裂和改善膜结构，有利于养分的吸收和输送，促进花粉萌发和花粉管生长以及受精作用；硼充足可提高果实维生素和糖的含量。良好的硼营养条件，可改善根供氧环境，促进根系发育，提高树体抗性。缺硼时易落花落果，新梢和根生长点易枯死，果实畸形、果肉木栓化、含糖量下降、品质变劣。但硼过量也会抑制花粉发芽，甚至引起明显落花、落果。

(10) 钼　钼是硝酸还原酶的组成成分，对龙眼树体内硝态氮同化成氨的过程起重要作用，能促进龙眼菌根的共生。缺钼时叶面出现黄斑，严重时枝叶干枯坏死。

(11) 氯　氯能促进光合作用，增加干物质积累，提高产量。缺氯时叶片易凋萎，抗逆性差，产量低。但龙眼对氯元素的需求量较小，生产上施用的氯化钾肥料可以为树体生长发育提供足够的氯营养，所以一般不会出现缺氯问题。

四、龙眼的需肥特性

经对养分吸收动态研究发现，龙眼在 2 月开始吸收氮、磷、钾等养分，6、8 月出现两次吸收高峰。其中果实对氮磷的吸收从 5 月份渐增，分别在 7 月和 8 月出现最高峰，6～9 月是龙眼周年中吸收肥料养分最多的时期。科学平衡施肥是实现龙眼高产、稳产、优质的关键措施。龙眼的施肥应根据树体营养生理特性、肥料种类、气候环境条件及其他管理条件综合考虑制订计划方案。幼龄施肥应以利于促进根发育和树冠迅速扩展为目的，一般实行“一梢两肥”较好。在萌芽前施促芽肥，在新梢开始转绿时施壮梢肥并结合喷施叶面肥（根外追肥）。结果树施肥应主要围绕培育优良秋梢结果母枝、促进花芽分化和壮大果实三方面进行，一般分采果肥、促花肥和壮果肥 3 次施用。

五、南方龙眼果园的土壤养分状况

华南龙眼果园多建园于低丘坡地或旱坡地等，土壤类型大多数是赤红壤、红壤和砖红壤。表土层浅薄，土壤多呈酸性或强酸性反应。广东省农业科学院土壤肥料研究所通过抽样测试和盆栽试验，对广东省龙眼主产区果园土壤的养分状况进行了系统的研究。结果表明，在采样测试的 30 个有代表性的果园中，氮、磷、钾、钙、镁、铜、锌、硼的有效含量低于临界值指标的土样比例分别占 96.7％、80.0％、73.3％、66.7％、96.7％、83.3％、90.0％、63.3％（表 5-1）。其中除只有 10％和 6.7％土样的有效磷、钙的含量超过3倍的临界值指标外，其他养分元素的有效含量均低于3倍的临界值指标。全部土样的有效铁含量超出临界值水平，硫和锰缺乏的土样比例也相对较低，分别为30%和46.7%。

表5-1　供试龙眼果园土样有效态养分含量测定结果

测定养分	含量范围（毫克/千克）	平均含量（毫克/千克）	ASI临界值（毫克/千克）	<临界值土样个数（个）	<临界值土样比例（%）	>3倍临界值土样比例（%）
氮	7.5～73.7	34.5	55	29	96.7	0
磷	2.2～176.3	16.4	12	24	80.0	10
钾	15.6～218.9	62.0	78	22	73.3	0
钙	20.0～3 627	535.9	400	20	66.7	6.7
镁	1.5～126.4	56.9	122	29	96.7	0
硫	2.2～81.5	24.8	12	9	30.0	23.3
铜	0.20～3.70	1.10	1.5	25	83.3	0
铁	8.0～395	148.3	12	1	3.3	13.3
锰	1.0～21.6	8.2	5	14	46.7	20.0
锌	0.8～6.4	1.88	2.0	27	90.0	3.3
硼	0.05～0.56	0.17	0.2	19	63.3	0

而利用盆栽试验进行进一步的研究，结果同样表明，在广东龙眼主产区，龙眼果园土壤存在着土壤养分不足、诸多障碍因子的问题。这些问题主要表现在：全部供试土样表现供氮不足，不施氮处理的产量平均下降53.4%。磷供应不足的土样占86.7%，不施磷处理平均减产67.8%。钾供应不足的土样占90.0%，不施钾处理平均减产29.9%。不施用钙、镁增产的土样各占83.3%和80%，不施钙、镁处理分别平均减产41.8%和29.5%。不施硫增产的土样占

56.7%，不施硫处理平均减产 21.2%。在微量元素方面，各有一定比例的土样呈锰、铜、锌、硼、钼供应不足的现象，分别占供试土样的 33.3%、46.7%、50.0%、53.3% 和 43.3%，其缺素处理分别减产 22.6%、25.3%、22.4%、22.1%和 20.6%（表 5-2）。

表 5-2 供试坡地龙眼果园土壤盆栽试验生物产量结果

缺素处理	缺素减产土样个数（个）	缺素减产土样比例（%）	缺素处理相对生物产量范围（%）	缺素处理平均减产（%）
不施氮	30	100	26～66	53.4
不施磷	26	86.7	10～57	67.8
不施钾	27	90.0	43～85	29.9
不施钙	25	83.3	6～86	41.8
不施镁	24	80.0	35～87	29.5
不施硫	17	56.7	61～84	21.2
不施锰	10	33.3	69～83	22.6
不施铜	14	46.7	44～84	25.3
不施锌	15	50.0	66～88	22.4
不施硼	16	53.3	57～83	22.1
不施钼	13	43.3	66～87	20.6

综合分析以上土壤养分测试和盆栽试验研究结果可见，坡地龙眼园土壤熟化程度较低，大部分土样表现出酸、旱、瘠、黏、砂的特点。土壤养分总体平衡供应水平普遍较低，养分障碍因子较多。除氮、磷、钾有效含量和供应水平较低外，钙和镁的缺素较为普遍，补充施用钙、镁的肥效影响程度已经接近氮、磷、钾三要素。此外，多种微量元素如锌、铜、硼等的有效含量及其供应也处于较低水平。因此，龙眼

生产中必须通过落实测土配方施肥，才能实现优质、高产、稳产和较高经济效益的目标。

六、龙眼营养诊断方法

营养诊断及测土配方施肥是根据龙眼矿质营养生理生化规律，观察龙眼树的长相，对叶片或土壤的养分状况进行系统测试、分析、诊断，了解龙眼的营养水平和缺素状况，以便合理施肥，达到高产、优质、低耗的目的。

1. 可见症状诊断 可见症状诊断也叫树相观察法，是最原始也是最常用的果树营养诊断方法。通过田间观察试验，以树体的特殊外部特征来确定龙眼树体内某种营养元素的盈亏状况。龙眼的主要缺素症状及其常用矫正措施见表5-3。可见症状诊断方法虽操作简单，但精确度不够，只有在出现典型症状时才能正确诊断。

表5-3 龙眼缺素症状及矫正

营养失调类型	症状	矫正措施
缺氮	老叶变黄，叶变薄，易早落，果实少，花穗短而弱，严重时叶缘扭曲	及时施氮，结合喷施0.5%尿素或硝酸铵，每7天1次，共3次
氮过剩	叶色浓绿，叶片薄、大、软，枝梢徒长，易感染病虫害，花穗长，果实转色慢	环割，犁翻根群，注意平衡施用钾肥和钙肥，注意控梢，防病虫害
缺磷	老叶叶尖和叶缘干枯，显棕褐色，并向主脉发展，枝条梢生长细弱，果汁少，酸度大	及时深施磷肥，并配施有机肥，结合叶面喷施1%的磷酸铵或磷酸二氢钾

（续）

营养失调类型	症　　状	矫正措施
磷过剩	类似过氮症状，严重时会显示缺锌症状	环割，犁翻根群，注意平衡施用钾肥，注意控梢
缺钾	老叶叶片褐绿，叶尖有枯斑，并沿叶缘发展，叶片易脱落，坐果少，甜度低	及时施钾，并喷施 3 次 0.5%硝酸钾或磷酸二氢钾，每隔 10 天喷 1 次
缺钙	新叶片小，叶缘干枯，易折断，老叶较脆，枝梢顶端易枯死，根系发育不良，易折断，坐果少，果实贮藏性差	合理施用石灰，结合喷施 0.5%硝酸钙或螯合钙
缺镁	老叶叶肉显淡黄色，叶脉仍显绿，显“鱼骨状失绿”，叶片易脱落	及时施用镁肥，结合喷施 0.5%硫酸镁或硝酸镁，注意钾、钙、镁的平衡施用
缺硫	老熟叶片沿叶脉出现坏死，显褐灰色，叶片质脆，易脱落	加强施用有机肥料和含硫肥料，结合喷施 0.5%硫酸钾或硫酸镁
缺锌	顶端幼芽易产生簇生小叶，叶片显青铜色，枝条下部叶片显叶脉间失绿，叶片小，果实小	喷施 0.25%硫酸锌或螯合锌
缺硼	生长点坏死，幼梢节间变短，叶脉坏死或木栓化，叶片厚、质脆，花粉发育不良，坐果少	喷施 0.3%硼砂或硼酸

必须注意的是，龙眼显示以上营养失调症状最终原因并不一定是养分供应不足。如砧木与接穗不亲和极易产生类似“缺素症”的症状；土壤酸性强作物根系易受铝毒害，导致地上部生长不良也易产生类似“缺素症”的表象；病毒、线虫、天牛侵蚀和不良气候条件会影响树体养分的运转而产生

类似“缺素症”的现象。总之，缺素诊断必须结合气候、土壤条件、栽培措施、病虫害状况进行综合分析，找出“病”根，才能对“症”下药。

2. 叶片营养分析诊断 现代果树生产上对矿质营养的诊断广泛运用叶片分析技术。通过叶片分析可了解龙眼树体的营养水平，从而指导施肥。叶片的营养元素含量比较稳定，一般能较好地反映树体的营养水平。但是，叶片营养诊断法同样存在局限性，其测试结果虽然能较好地反映树体当时的营养状况，但仅代表过去的养分供应结果，而不能了解土壤此后对树体营养的供应水平。

叶片营养分析的准确性和代表性，直接与取样和样品处理的方法、测定分析技术有密切关系。龙眼叶片的采样方法是：在12月下旬至翌年1月下旬，在有代表性的10～20株上共采80～100片小叶进行分析。叶片采集必须在树冠中上部外围的充分老熟的枝梢上，从顶部开始算起，取第二至第三片复叶的中部小叶。

叶片采样后应尽快送到具备测试条件的有关部门，用无离子水洗净叶片，以120℃杀酶20分钟，然后以85℃烘干，最后将叶片磨碎。叶片样品的化学分析方法是：氮、磷、钾分析的样品都是用硫酸—过氧化氢一次消化；氮用凯氏定氮法，磷用钒钼黄比色法，钾用火焰光度计测定。钙、镁、锌、铁、铜、锰等用硝酸—高氯酸消化，用原子分光光度计测定。硼用姜黄素比色法测定。氯用水浸提后，用硝酸银滴定法测定。

3. 土壤养分测试诊断 土壤养分测试诊断是指导龙眼科学施肥的重要手段，但同样存在其局限性，主要是土壤养分含量不等于完全能被果树利用的养分量，也不能完完全全代表果树体内的营养状况。然而，通过土壤养分测试诊断与叶片营养分析诊断结合，可显著提高测土配方施肥的可靠性和准确性。

土壤样品的采集方式需根据种植果园的地形而定。较为平坦的果园，一般土壤肥力较均匀，采用梅花点分布取点，每个样点在树冠滴水线以外的非施肥区挖土采集，采集深度0～50厘米，对于坡地果园，则按等高线的树冠滴水线附近的非施肥区进行布点采样，按“之”字形分布采集土壤，采集完毕混合后采用四分法留取1千克左右土壤为供测定样本。

分析测试内容主要包括土壤有机质、氮（全氮和碱解氮）、磷（全磷和速效磷）、钾（缓效钾和速效钾——水溶性和交换性钾）、钙（全钙和交换性钙）、镁（全镁和交换性镁），以及微量元素铁、锰、锌、铜、硼、钼、氯的含量等。还应测定与土壤养分有效性有关的土壤性质，如土壤酸碱度和土壤理化性质等。

七、龙眼施肥技术

1. 新植幼龄树果园的改土技术 新植龙眼果园栽培管理的目标是促使幼树及时形成早结、丰产的发达根系和矮化半圆头形树冠。其关键环节是在高标准建园、合理密植、提高成活率的基础上，通过勤施、薄施促梢肥，防治病虫害，增施有机肥扩穴改土，并结合修剪整形等，确保每年4～5次新梢茁壮生长。

早结、丰产树根系的特点是：主根和垂直生长的根系较弱，分布较浅，而水平生长的侧根和吸收根相对发达，主要分布于表土下10～40厘米浅层，分布范围大于树冠，各方位密度比较均匀。除了栽植时控制植穴深度、定值时适度剪短主根外，在扩穴施肥中也要掌握适当的深度，借以诱导根系的定向与分布。

（1）扩穴深耕改土的作用　在根际具有深、松、肥的土壤环境，才能满足龙眼根系生长的需要。龙眼的吸收根伴生有好气性强的菌根，在腐殖质丰富、通气状况良好、水分和温度适宜、酸性至微酸性的土壤环境里，根菌才能迅速繁殖侵染龙眼的幼嫩须根，形成高效的共生关系，增加吸收根量，提高吸水、吸肥能力，有效地吸收土壤中的养分，供地上部生长发育的需要。所以新园建园后，每年进行扩穴深翻，增施有机肥改土，已成为山坡地龙眼速生、早结、丰产的关键技术措施。

（2）扩穴改土的方法

①扩穴改土时期。除雨天、高温、干旱、大风天气和盛花期等时间不宜扩穴改土外，全年大多数时间都可以进行。但从肥源、作业天气和有利于龙眼树进入相对休眠期等综合考虑，一般每年11～12月份进行较适宜，因这时龙眼树第二次秋梢已转绿，在此时扩穴改土，断去部分吸收根对第二次秋梢老熟和抑制冬梢有利。此外，这时的农家肥源较充足，糖厂已开始砍蔗制糖，蔗叶、蔗头、蔗渣、糖厂滤泥都可以利用；山上的绿肥杂草也容易找到；鱼塘陆续进入放水干塘，秋冬季整理鱼塘作业，秋高气爽的天气有利于泵吸塘泥浆上岸硒干、打碎备用。秋冬旱季也利于到垃圾场筛取垃圾泥；冬闲期间也较易找到充足的禽畜粪。11～12月份南方天气较凉爽，有利于扩穴深翻改土工作。

②改土坑的形状和深度。改土坑的形状依定植坑穴的形

状而定。如果开挖撩壕沟定植的，则每年轮流在定植壕沟的一侧开撩壕坑改土；如果定植穴是圆的，则每年轮换在株间或行间各开一个占 1/4 圆周的弧形改土坑；如果定植穴是正方形或长方形的，则每年轮流在株间或行间各挖一个长方形坑，进行“井”字形扩穴改土。

无论何种形状的改土坑，其深度都控制在 50～60 厘米，以利于培养生长深浅适度的水平根。宽度一般是 40～50 厘米，坑的长度随年份而逐渐增加。需要强调的是：扩穴改土坑的体积要与施肥数量相适应，如果施肥量少，即使挖大坑松土后回填，对根系的生长也没多大的促进作用，反而增加了人工成本。

③扩穴改土所用肥料和压埋的方法。扩穴改土适用的肥料种类很多，可以就地取材、广辟肥源，主要是绿肥、野草皮、农作物的秸秆、禽畜粪、蔗渣、糖厂滤泥、塘泥、河溪和水库沉积肥泥、蘑菇碴土、蔗头、木薯头以及经筛选的腐熟垃圾土、木屑等。此外，还应适当施入磷肥（钙镁磷肥、过磷酸钙、骨粉等）、石灰粉、麸饼肥（花生麸、菜子麸、黄豆麸等）。用肥量需与改土坑的体积保持一致，一般每立方米需施绿肥、杂草、作物秸秆合计 30～50 千克（干和半干的折算用量相应减少），需塘泥、河溪沉积肥泥、糖厂滤泥（微碱性，每次用量不能过多）、筛过的垃圾土、蘑菇渣土等 50～100 千克，需鸡粪、猪粪、牛粪等禽畜粪 10～20 千克，需钙镁磷肥或过磷酸钙 1.0～1.5 千克、熟石灰粉1～2 千克，底土土质特别瘦瘠的还需增施麸饼肥 1～2 千克。上述肥料分 3 层压埋。

底层：厚 25 厘米，边回填带有草头、草皮的表土和部分碎底土，边抛入带粗枝梗的绿肥、灌木枝叶、蔗头、木薯头等相对较难腐解的有机物，填到相应高度后撒入 1/2 的备用磷肥，与土拌匀。为防治地下虫蚁，撒施 3%呋喃丹颗粒 30～50 克。该层主要的作用是改善土坑底层透水、透气环境，适当增加有机质肥和磷肥，有利于主根和垂直根的生长。

中层：厚 15 厘米左右，先铺上 1/2 量的细嫩绿肥、作物秸秆、杂草等，均匀撒上 1/2 量的石灰粉，然后回填厚 13 厘米左右的表土和底土混合的细碎土，撒上 1/2 备用量的拌有磷肥的塘河泥、滤泥、蘑菇渣土、木糠、禽畜粪等的优质混合肥，并尽可能与回填的碎土搅匀。

上层：15 厘米左右，先铺上 1/2 量的细嫩绿肥等，均匀撒上另 1/2 量的石灰粉，回填 13 厘米左右的碎土，撒上另 1/2 的备用优质混合肥（与中层所用的一样），如需施麸饼肥的亦在此层施入（花穗分化物候期较迟，树势旺盛的一般不在改土时施麸饼肥），或延至花穗大部分小花蕾已形成、纯花穗已基本分化完成时才与其他肥料开沟施入，以免加剧花穗分化中期“冲梢”。土质瘦瘠，土壤中的速效养分极缺时，则需施用麸饼肥，尽可能将肥料与回填的细土搅匀。为防治地下害虫的为害，在此层（每株改土坑）均匀撒施 3%呋喃丹颗粒剂 30～60 克。

最后，回填余下的碎土，回填厚度 20 厘米左右，使其高出原地面 15 厘米，待坑内绿肥、草肥分解，土层下沉时逐渐将坑填平。这层土虽较瘦，但处于面层，通过逐年施水肥、松土和铺施垃圾土等，较易改造成肥沃的表土，并可以在 1～2 年内抑制龙眼水平根系浮生于表土层。

2. 新植幼龄果园的施肥技术 勤施促梢壮梢速效肥。定植后靠浇清水促吐第一次新梢，第一次新梢老熟后就可以开始施速效肥促梢壮梢。一般定植后第一、二年每次新梢需施两次肥，于上次新梢转绿后施促梢肥，于当次新梢有一两片复叶展开红叶时施壮梢肥；至定植第三年，因龙眼幼树的根系已比较发达，经两次扩穴改土后，土壤的保肥、保水力增强，就可以一次新梢只施一次促梢壮梢肥。施肥期要选在每次新梢刚转绿，下次新根生长高潮之前，以保证新根有充足肥料吸收，为再下一次新梢抽生打下良好基础。幼树的促梢壮梢肥以氮肥为主，配合适量的磷和钾肥，其比例为氮60%，磷10%，钾30%；到投产前的两次新梢，则要加大磷、钾肥的施用比例，为龙眼树从营养生长转向开花结果打下适宜的营养基础。施肥期为晴天时，最好施以稀薄的麸饼、禽畜粪、过磷酸钙混合沤制且充分腐熟（充分化解变黑色，无酸味）的水肥，加入适量的尿素、氯化钾，施于树盘内；施肥期遇连续雨天时，则在树盘边开宽15厘米、深2～3厘米的浅环沟或2～4个短段浅沟，施入按比例混合好的尿素、氯化钾、钙镁磷肥，随后覆土。施肥位置随着幼树的长大逐步向外移；施肥量和水肥浓度随幼树树冠长大逐步适量增加。为能按预定时间促发新梢，龙眼园必须具备贮水和灌水条件，若遇旱不能及时灌水、施肥，放梢期和放梢次数都受影响。埋施干肥的溶解和渗透较慢，肥料的分布范围也不如腐熟水肥，因此肥效不如水肥快和好。幼龄龙眼果园各时期施肥种类和施肥量可参见表5-4。

3. 结果树龙眼果园的施肥技术　如何根据龙眼年周期生长发育及开花结果的营养需求特点进行科学用肥，是获取优质、丰产、稳产的首要技术措施。围绕培育龙眼优良秋梢结果母枝，促进花芽分化、发育和壮大果实三方面目标，龙眼结果树一般施3次肥：采果肥、促花肥和壮果肥。

表 5-4　1～3 年幼龄龙眼园促梢壮梢肥参考施用量

相应生育阶段			淋施速效混合液肥					各次混合液肥施用量（毫升）
			尿素（N46%）（克/株）	氯化钾（K_2O 60%）（克/株）	花生麸（N6%）或菜子麸（N4.4%）（克/株）	鸟粪（N 1.6%）（克/株）	猪粪（N 0.6%）（克/株）	
每次梢2次肥	1～4 次	定植第一年的夏梢、早秋梢	15～20	5～6	40	50	150	2 000
	5～8 次	定植第一年的晚秋梢和第二年的春梢	30～40	10～15	120	150	450	3 000
	9～12 次	定植第二年的早夏梢、晚夏梢	50～60	15～20	200	200	600	4 000
	13～16 次	定植第二年的早秋梢、晚秋梢（或早冬梢）	100	100	250	250	800	5 000
	17～19 次	定值 3 年的春梢、早夏梢、迟夏梢	250	100	250	500	1 500	15 000
	20～21 次	定值 3 年的早秋梢、迟秋梢	300	250～280	300	500	2 000	20 000

（1）采果肥　此期施肥直接影响秋梢结果母枝能否及时萌发生长及其充实健壮程度。由于龙眼在结果后需要消耗大量营养，如果不及时施入充足肥料，树势不能快速恢复，则

难以促发强壮秋梢并发育成为结果母枝，势必影响翌年果实产量及品质。采果肥宜在收果前7～10天或收果后马上进行，目的是使龙眼迅速恢复树势，促进秋梢早萌发、生长充实壮旺。采果肥一般以速效氮肥为主，配施磷钾肥，此期施肥要适当增大氮的比例，氮约占全年的45%～55%，磷占全年的30%～35%，钾占全年的25%～40%。同时，可配施优质腐熟的有机肥，如花生麸或豆饼，浸沤腐熟后加水或人畜粪尿，但一般不宜施用难腐解的有机物或迟效肥料，以免促发冬梢。天旱时，应水肥淋施或施肥后结合灌溉以保证肥料养分的快速供应。

（2）花前肥　在疏花疏穗后、现蕾开花前施用，目的在于促进花芽分化、花穗壮旺、花器发育及开花良好，从而减少生理落果，提高坐果率。花前肥以氮、磷、钾肥为主，最好能够配合施用腐熟有机肥，此期氮、钾约占全年施用量的20%～25%，磷占25%～30%。

（3）壮果肥　因开花消耗了大量养分，必须及时补充施用壮果肥，以确保果实发育对养分的需求，促使果实迅速发育增大，又能使夏梢萌发和生长充实壮旺，能够起到保果、壮果和提高果实品质的作用。一般开花后至第二次生理落果前，即在开花后30～50天内施用。由于果实发育需钾较多，此期施肥要适当增大钾肥的施用比例，氮约占全年施用量的25%～30%，磷约占40%，钾约占40%～50%。这个时期正是多雨季节，可选择晴天进行根外追肥1～2次，每次每株龙眼用尿素0.2千克对水50千克进行根外喷施。

施肥数量必须根据龙眼不同树龄、树体（树冠）大小、生长结果状况、土壤条件、环境条件等有所不同。一般树龄长、树冠大、开花挂果多、树势弱、土壤条件差、有机肥用量少的果树，施肥量应适当增加；反之，树龄短、树冠小、开花挂果少、土壤条件好、有机肥施用量较大的果树，则施肥量应适当降低。正常情况下，不同树龄龙眼各时期施肥可选择表 5-5 中的配方 1 或配方 2，在应用时，应根据以上原则酌情增加或减少。

表 5-5 结果龙眼树不同生育期的配方施肥推荐

树龄	施肥期	配方 1 肥料种类与数量 （千克/株）	配方 2 果树专用肥 (15：6：12) （千克/株）
4 年	采果肥	尿素 0.35～0.45，钙镁磷肥或过磷酸钙 0.32～0.38，钾肥 0.13～0.2，硫酸镁 0.05～0.075	专用肥 1.2～1.5；硫酸镁 0.05～0.075
	花前肥	尿素 0.15～0.2，钙镁磷肥或过磷酸钙 0.27～0.32，钾肥 0.1～0.13	专用肥 0.4～0.6
	壮果肥	尿素 0.20～0.25，钙镁磷肥或过磷酸钙 0.40～0.50，钾肥 0.2～0.3	专用肥 0.8～1.0
5～6 年	采果肥	尿素 0.53～0.68，钙镁磷肥或过磷酸钙 0.48～0.58，钾肥 0.2～0.3，硫酸镁 0.1～0.15	专用肥 1.8～2.3；硫酸镁 0.1～0.15
	花前肥	尿素 0.23～0.3，钙镁磷肥或过磷酸钙 0.4～0.48，钾肥 0.15～0.2	专用肥 0.6～0.9
	壮果肥	尿素 0.3～0.38，钙镁磷肥或过磷酸钙 0.6～0.75，钾肥 0.3～0.4	专用肥 1.2～1.5

（续）

树龄	施肥期	配方 1 肥料种类与数量 （千克/株）	配方 2 果树专用肥 （15∶6∶12） （千克/株）
7～8 年	采果肥	尿素 0.8～1，钙镁磷肥或过磷酸钙 0.7～0.87，钾肥 0.3～0.45，硫酸镁 0.15～0.2	专用肥 2.7～3.4；硫酸镁 0.15～0.2
	花前肥	尿素 0.35～0.45，钙镁磷肥或过磷酸钙 0.6～0.72，钾肥 0.23～0.3	专用肥 0.9～1.35
	壮果肥	尿素 0.45～0.57，钙镁磷肥或过磷酸钙 0.9～1，钾肥 0.5～0.6	专用肥 1.8～2.2
9～10 年	采果肥	尿素 1～1.3，钙镁磷肥或过磷酸钙 0.9～1.2，钾肥 0.4～0.6，硫酸镁 0.2～0.3	专用肥 3.5～4.4；硫酸镁 0.2～0.3
	花前肥	尿素 0.46～0.59，钙镁磷肥或过磷酸钙 0.78～0.94，钾肥 0.3～0.4	专用肥 1.2～1.8
	壮果肥	尿素 0.59～0.74，钙镁磷肥或过磷酸钙 1.2～1.3，钾肥 0.6～0.75	专用肥 2.3～2.9
11～15 年	采果肥	尿素 1.2～1.5，钙镁磷肥或过磷酸钙 1.0～1.35，钾肥 0.45～0.68，硫酸镁 0.3～0.4	专用肥 4～5；硫酸镁 0.3～0.4
	花前肥	尿素 0.5～0.68，钙镁磷肥或过磷酸钙 0.9～1，钾肥 0.35～0.45	专用肥 1.35～2
	壮果肥	尿素 0.68～0.85，钙镁磷肥或过磷酸钙 1.35～1.5，钾肥 0.8～1	专用肥 2.7～3.3

（续）

树龄	施肥期	配方 1 肥料种类与数量 （千克/株）	配方 2 果树专用肥 （15：6：12） （千克/株）
15 年以上	采果肥	尿素 1.5～2.5，钙镁磷肥或过磷酸钙 1.5～2.5，钾肥 0.8～1.5，硫酸镁 0.5	专用肥 5～7；硫酸镁 0.5
	花前肥	尿素 0.6～0.9，钙镁磷肥或过磷酸钙 1～1.25，钾肥 0.5～0.7	专用肥 1.5～2.5
	壮果肥	尿素 0.7～1，钙镁磷肥或过磷酸钙 1.4～1.8，钾肥 1～1.5	专用肥 3～5

4. 结果树的有机肥施用及扩穴改土 由于龙眼园大多建园在旱坡地和丘陵坡地，土壤条件一般较差，通过扩穴改土不断改善土壤的物理环境、化学环境和营养环境，是获取增产、稳产、优质的基础保证。所以，在秋梢老熟后，低龄结果树应在冬季继续进行扩穴改土，成年结果树也应在冬季埋施有机肥料，并结合施用石灰 1～3 千克/株进行改土。

5. 微量元素的施用 土壤养分状况研究结果表明，华南地区龙眼果园土壤普遍存在微量元素缺乏的问题，而且缺素种类较多，缺素程度比较严重，造成非常明显的减产。所以，必须非常重视微量元素肥料的施用，否则可能会显著影响果树的生长，并明显降低生产的经济效益。相对而言，微量元素养分需求量很小，但其作用较大，必须有足够供应龙眼才能正常生长发育。在需要时，如果能够合理施用补充，其投资回报往往远大于氮、磷、钾肥。必须特别注意的是，微量元素适宜量和过量之间的范围很窄小，适宜供应对提高树体生长速率，保证优质、丰产、增收具有非常明显的作用；但是，过量则会降低树体生长，甚至引起生长代谢功能障碍，阻碍其正常生长。因此，施用微量元素肥料非常重要，但又必须非常慎重，一般需要经土壤和植株营养测试诊断，经农业技术专业人员鉴别缺素种类、缺乏程度，并根据果树生长表现等，制定微量元素肥料施用计划方案，才能较好地发挥微量元素肥料的效果。

6. 龙眼施肥方式

（1）*土壤施肥* 应根据龙眼根系生长、分布以及土壤条件等，采取不同的施肥方法，让龙眼根系充分地吸收和利用，发挥最大的肥效。通常根系生长密集之处，即是施肥的地方。生产上以树冠滴水线处为施肥地点，也可利用龙眼根系的向肥性，引导根系深入或向外扩展，扩大根系范围。此外，施肥方法还应考虑到肥料的特性，如磷肥在土壤中移动性极小，且易被固定，因此应尽可能地将磷肥施在根际，以提高磷的吸收利用率。龙眼园常用的土壤施肥方法有以下3种：

①环状施肥（又称轮状施肥）。在树冠外围稍远的地方，挖环状沟施用（沟深15～20厘米）。这种施肥法具有操作简便、用肥经济等优点。但这种施肥法易切断一些生长较快的水平根，且施肥范围较小，故多用于龙眼幼树。

②放射沟施肥。以树干为中心，在离树干60～80厘米处，向外挖6～8条放射沟（沟深20～30厘米），施肥于沟中。隔年或隔次更换沟的位置，以增加龙眼根系的吸收面。此法比环状施肥伤根少，但挖沟时也要避开大根，以免对其造成伤害。

③条状沟施肥。在树冠滴水处两侧开条沟，或在龙眼园

的行间或株间开条沟（深20～30厘米），然后将肥施于条沟内，下次施肥时可换另外两侧。这是目前龙眼园最常见的一种施肥方法。

（2）根外追肥　根外追肥简单易行，肥料用量小，可使龙眼叶片迅速直接地吸收各种肥料养分，并能及时地满足龙眼生长发育的急需。根外追肥对保果壮果、改善果实品质、矫治缺素症、调节龙眼树势有重要作用。根外追肥虽然也用于补充树体的氮、磷、钾等大量营养元素和钙、镁等中量营养元素，但更着重于补充微量营养元素。根外追肥氮、磷、钾肥料的适宜浓度一般为0.5%～1%，中量元素适宜浓度为0.2%～0.5%；根外追肥所用的微量元素多为比较容易溶解的化学纯药剂，适宜的喷施浓度一般为0.05%～0.15%。在春季进行根外追肥，浓度可略高一些；在夏秋高温干旱季节进行根外追肥，浓度应适当低些，以免产生肥害。多种肥料混合使用时，应按比例降低浓度。

第六章　香蕉测土配方施肥技术

香蕉是热带亚热带的特产水果，具有产量高、投产快、风味独特、营养丰富、价值高、供应期长、综合利用范围广等优点，深受人们的喜爱。香蕉通常仅在南、北纬23°的区域有大规模的种植，我国主要分布在广东、广西、海南、福建以及台湾等省（自治区），这些地区有较大面积的规模生产，其他省份如云南、四川等地南部也有种植。由此可见，我国香蕉种植面积十分有限，相对于巨大的香蕉消费市场，香蕉生产仍然具有很大的生产前景。

一、香蕉生产基本情况

据有关统计资料表明，2007年全国香蕉种植面积达460万亩，其中广东省一直是我国最大的香蕉主产区。香蕉种植面积为192.2万亩，占全国香蕉种植面积的41.8%，产量占香蕉总产量的45%；广西壮族自治区的种植面积次之，占20.1%，香蕉产量占18%；海南省面积占15.7%，产量占18.2%；云南香蕉面积和产量分别占11.8%和6.9%；福建面积占9.6%，但产量占11.3%。其他地区仅有零星种植（图6-1、图6-2）。

我国近20年来的香蕉生产情况发生了较大变化，如广

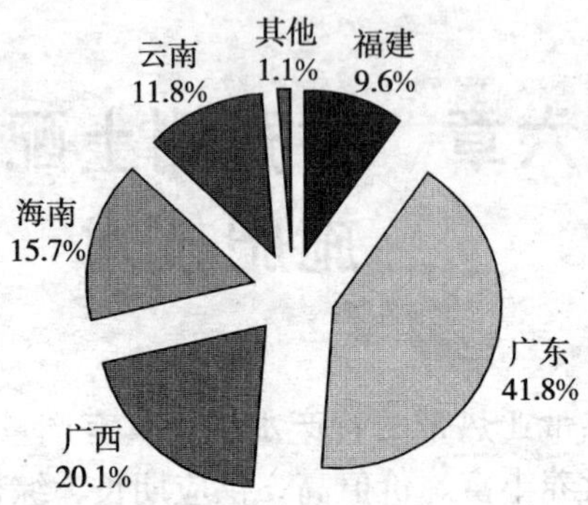

图 6-1 我国香蕉种植布局

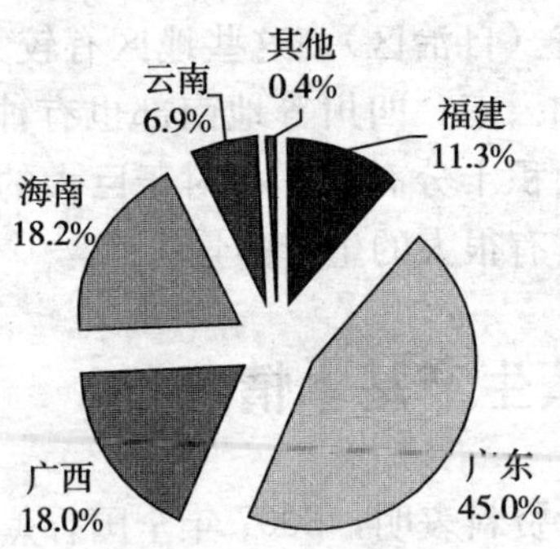

图 6-2 我国香蕉产量分布

东省从 1990 年至 2005 年间，香蕉种植面积增长较快，由 1990 年的 103.1 万亩增长到 2005 年的 192.6 万亩，从 2005 年至今一直稳定在 192 万亩左右（图 6-3）。同时，广东省香蕉生产在 1990—2000 年十年期间亩产提高了 531 千克，但从 2000 年至 2008 年年香蕉亩产仅提高 251 千克，亩产增长变缓（图 6-4）。

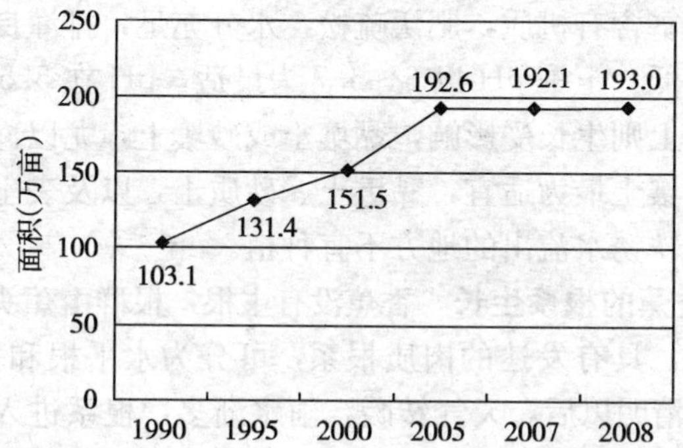

图 6-3　1990—2008 年间广东省香蕉种植面积变化

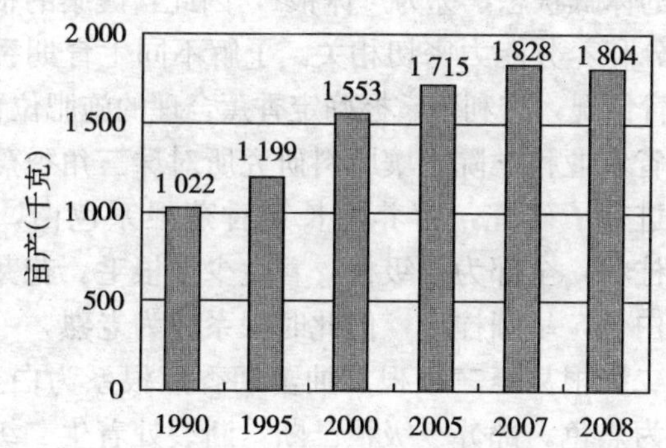

图 6-4　1990—2008 年间广东省香蕉亩产变化

二、香蕉生长发育特点

香蕉是热带水果，也适宜在南亚热带栽培，喜温热，忌霜冻，宜多雨均匀，怕强台风侵袭，适宜生长温度为 24～25℃，最低不宜低于 15.5℃，最高不宜高于 43℃，临界温度为 10℃，当低温降至 5℃时叶片即受冻害，降至 2.5℃时，如遇冷雨会引起烂心致死。栽培香蕉的土壤条件为：土层深厚，富含有机质，肥沃疏松，水分充足，排灌良好，地下水位较低，土壤 pH 以 6～6.7 为最适，pH 在 5.5 以下或者 7.5 以上则生长受影响，黏壤土或砂壤土，尤以冲积壤土或腐殖质壤土最为适宜，黏重土、砂质土，以及表土浅、水位高和有铁锈水流出的地方不宜种植。

1. 香蕉的根系生长 香蕉没有主根，根群由蕉头（地下茎）抽出，具有发达的肉质根系，可分为水平根和垂直根，在立春、清明以后，天气转暖，雨水渐多，根系进入旺盛生长，到夏秋季生长最盛，进入晚秋和冬季后，根停止生长，进入相对的休眠状态，称为“休根”，因此，健康的根系与香蕉吸收水分和养分能力密切相关。了解不同生育期香蕉根系的生长发育情况，有利于掌握确定香蕉合理的施肥位置。

广东省农业科学院土壤肥料研究所对珠三角香蕉根系的生长状况进行了研究，营养生长期香蕉根系色白，肉质幼嫩，呈圆柱状，全部为一级根，着生少量根毛。花芽分化期根系仍为白色，呈圆柱形，但此时根系较为老熟，一级根上着生许多二级根甚至三级根。抽蕾期香蕉根系为白至褐色，次生根多为黑色。部分一级根已断，断裂处着生二级和三级根，多数色黑，根系比花芽分化期短而细，这可能与该时期珠三角夏季暴雨季节的水涝影响有关。果实膨大期大多数根仍为白色，少部分为黑色，少量一级根已断，并着生二级和三级根。根据多次香蕉根系挖掘现场观察，绝大部分香蕉根系分布在 0～50 厘米的土层。

不同生育期香蕉根长与直径调查结果（表 6－1）显示，花芽分化期香蕉平均根长及直径最大，这证实了香蕉根系的生长在花芽分化期是最为旺盛的。抽蕾期最大根长和平均根长均小于果实膨大期，估计是由于抽蕾期的涝害所造成。果实膨大期根系最大根长和平均根长有所增加，这大概与涝害结束有关。整体来看，随着香蕉的生长发育，根数量不断增加，但同时变短变细。

表 6-1　不同生育期香蕉根长、直径及数量

生育期	最大根长（厘米）	平均根长（厘米）	最大直径（毫米）	平均直径（毫米）	根数（条/株）
营养生长期	—	—	—	—	76
花芽分化期	236.0	46.0	9.3	5.68	230
抽蕾期	108.0	34.8	9.9	5.62	239
果实膨大期	192.6	36.4	8.6	5.10	321

2. 香蕉的茎部生长　香蕉的茎分为地下部的球茎（蕉头）和地上部的假茎（蕉身）两部分。地下茎（蕉头）是积累养分和贮藏养分的器官，又是芽眼和吸芽着生的地方，其生长发育是否良好，直接影响到植株的强弱、吸芽抽生的迟早和数量，因此，加强肥水管理，促使地下茎生长发育良好是提高产量的基础。

3. 香蕉的叶片生长　在肥料充足和温度、湿度合适时，香蕉叶片快速生长，每月可抽出 4～5 片叶，平均隔 1 周左右抽出 1 片新叶。当植株叶片达到 28～36 片以后，便开始抽蕾、开花、结果。在结果期间，要保持 10～12 片完整的叶片，结果才能良好。因此，采取科学的肥水管理措施，保持较多、较大的绿叶面积，是获得香蕉丰产、优质的重要条件。

4. 香蕉的吸芽生长　香蕉的吸芽是从母株地下茎萌发的芽状体，可生长成新的母株或作为繁殖新株的材料，因此香蕉的吸芽生长特点是香蕉有别于其他果树的生长特征。在一年中，通常 5～8 月份抽芽最多，生长也最快；10 月以后，气温逐渐下降，吸芽的生长缓慢，甚至停止。吸芽抽生的时期、次数和深浅，与母株营养生长强弱有密切关系，母株生长强壮，吸芽抽生快而且数量多。吸芽分为剑芽和大叶芽两种，剑芽茎部粗壮，上部尖细，叶小如剑，常留作母株或作种苗；大叶芽多数从生长弱、营养差的母株抽出，一般不选留作母株。

三、香蕉营养需求特性

1. 不同香蕉品种的养分吸收特性 我国香蕉生产虽然主栽区域面积没有其他水果面积分布广，但香蕉的种类繁多，主要可分为香蕉（又有较多品种）、大蕉和龙牙蕉（主要有龙牙蕉和粉蕉等）三大类型，但是经过近年来的品种优化，香蕉生产已从过去的多个主栽品种种植发展到目前以巴西蕉为主。根据广东省农业科学院土壤肥料研究所多年研究结果（表 6-2），不同品种香蕉对养分的吸收比例接近，氮、

表 6-2 不同香蕉品种生产每吨果实养分吸收情况

品 种		氮（N）	磷（P）	钾（K）	钙（Ca）	镁（Mg）
中把香蕉	吸收量（千克）	5.89	0.47	18.77	—	—
	吸收比例	1	0.08	3.19	—	—
矮脚遁地雷	吸收量（千克）	5.93	0.48	18.07	—	—
	吸收比例	1	0.08	3.05	—	—
矮香蕉	吸收量（千克）	4.84	0.45	14.9	2.97	0.62
	吸收比例	1	0.09	3.08	0.61	0.13
巴西蕉	吸收量（千克）	4.59	0.41	15.0	2.52	1.22
	吸收比例	1	0.09	3.27	0.55	0.27

磷、钾、钙、镁吸收比例为1：0.08～0.09：3.05～3.27：0.55～0.61：0.13～0.27。以每生产1吨香蕉果实计，不同品种需要吸收的氮、磷、钾养分量为矮脚遁地雷≈中把香蕉＞矮香蕉＞巴西蕉，这表明获得相等的果实产量，巴西蕉需要吸收的养分量较少，即需要的肥料量也相对较少，属于养分效率较高的品种。

2. 不同生育期香蕉叶片养分含量变化动态　以巴西蕉为例说明香蕉叶片养分含量在主要生育期的动态变化情况（图6-5）。在营养生长期叶片养分以氮含量为最高，而且较为稳定，在花芽分化期至抽蕾期间（即孕蕾期）含量急剧下降，在抽蕾后下降趋势减缓。叶片钾含量在营养生长期一直保持上升趋势，在花芽分化期至抽蕾期水平显著提高，期间与叶片氮含量有一交叉点，在抽蕾期达到最高，然后逐渐下

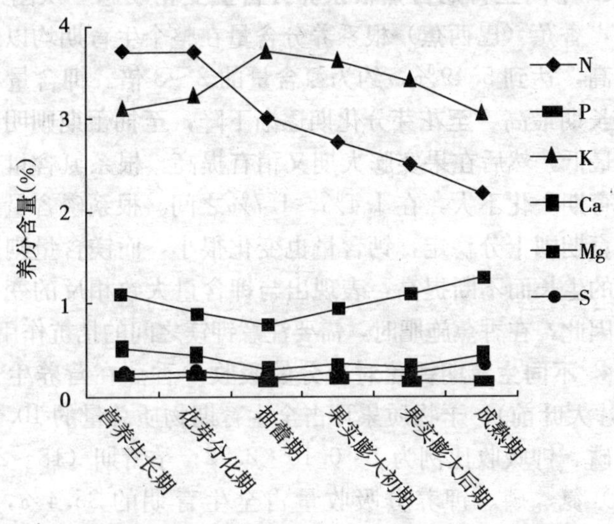

图6-5　不同生育期香蕉叶片养分含量变化

降。在整个生育期，叶片氮、钾含量明显高于其他营养元素，并表现出明显的消长关系，而且两者在孕蕾期有交叉点，表明孕蕾期是巴西蕉营养的关键期。因此，在生产上，花芽分化期（球茎呈蒜头状）至抽蕾前是香蕉施肥的关键时期。

而叶片钙、镁含量在整个生育期的变化非常相似，在营养生长期含量逐渐降低，在抽蕾期降至最低，然后有所上升，与叶片钾含量的变化趋势大致相反，显示叶片钾含量与钙、镁含量之间存在着一定的拮抗作用，钙与镁含量之间则有协同的关系。在缺镁的香蕉产区，如果同时施用钾和钙、镁肥，需要注意这 3 种养分的平衡施用，否则某一种养分施入过多则会抑制香蕉对另外两种养分的吸收。叶片硫含量在整个生育期变化不大，在成熟期稍有提高，叶片磷含量则一直稳定在较低水平。

3. 不同生育期香蕉根系养分含量变化动态 从图 6-6 看出，香蕉（巴西蕉）根系养分含量在整个生育期均以钾含量最高，达到 5.49%，约为氮含量的 2～3 倍。钾含量在营养生长期最高，至花芽分化期逐渐下降，至抽蕾期则明显下降至最低，然后在果实膨大期又稍有提高。根系氮含量在整个生育期变化不大，在 1.4%～1.7%之间。根系磷含量在整个生育期则十分稳定，钙含量也变化很小，而镁含量则随着根系的生长而不断提高，表现出与钾含量大致相反的变化趋势。因此，在香蕉施肥时，需要注意钾镁之间的拮抗作用。

4. 不同生育期香蕉对养分的吸收 香蕉在营养生长期（18 片大叶前），干物质累计占全生育期物质总量的 10.7%，氮、磷、钾吸收比例为 1∶0.10∶2.72；孕蕾期（18～28 片大叶）氮、磷、钾养分吸收量占全生育期的 35.4%，氮、磷、钾吸收比例为 1∶0.11∶3.69；果实发育成熟期氮、

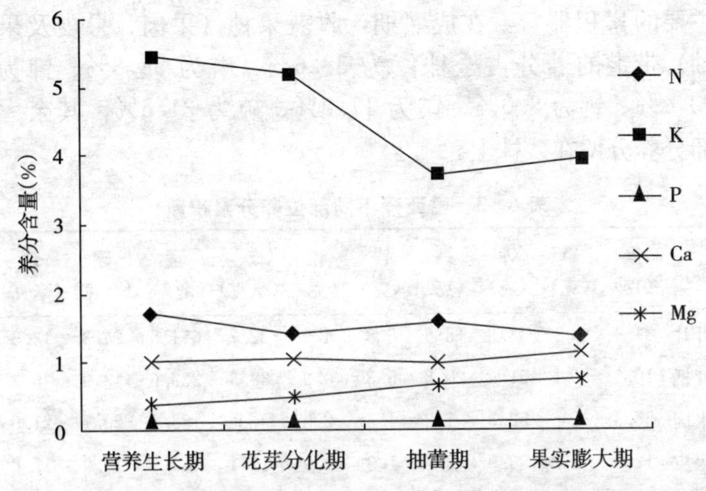

图 6-6　不同生育期香蕉根系养分含量变化

磷、钾养分吸收量占全生育期的 53.9%，氮、磷、钾吸收比例为 1∶0.10∶3.19。16～23 片大叶期间，干物质积累急剧增加。在花芽分化期（18 片大叶）前后 45 天中，植株生长迅速，假茎显著增粗，叶片明显增大，生物产量急剧增加。

5. 香蕉养分累积总量　如表 6-3 数据所示，从整体来看，成熟期巴西蕉植株的养分吸收量为钾＞氮＞钙＞镁＞磷≈硫，氮、磷、钾、钙、镁、硫养分的吸收比例为 1∶0.09∶3.27∶0.55∶0.27∶0.09。从各养分在巴西蕉植株的累积来看，氮主要集中在果肉、叶片及假茎中；磷在果肉、果皮和叶片中含量较高；超过 1/3 的钾累积在假茎中，其他部位钾吸收量差别不大；钙主要分布在假茎、叶柄及叶片中；镁则在假茎、叶片、球茎及叶柄中含量较高；大部分的硫积累在叶片和果肉中。因此，假茎与叶片是巴西蕉养分最主要的累积器官。在成熟期，收获果穗（果肉、果皮及果轴）带走的养分占全株氮为 38.6%、磷为 54.8%、钾为 33.4%、钙为 8.0%、镁为 17.8%、硫为 31.5%，其余大部分养分留在残株上。

表 6-3 巴西蕉不同部位养分累积量

部位	氮（克）	磷（克）	钾（克）	钙（克）	镁（克）	硫（克）	铁（毫克）	锰（毫克）	硼（毫克）	锌（毫克）
叶片	31.4	2.2	43.3	18.6	6.8	4.9	22.7	611.5	24.3	12.5
叶柄	10.5	0.9	51.4	20.8	5.3	0.9	38.5	235.6	13.9	6.3
果肉	35.3	3.4	52.5	1.9	4.5	2.0	nd	126.8	20.7	21.5
果皮	12.0	2.3	56.9	2.7	1.3	0.9	19.1	69.6	16.9	17.6
果轴	2.5	0.6	30.8	1.1	0.3	0.6	1.5	28.2	3.2	3.9
假茎	26.5	1.5	144.2	21.8	10.8	1.3	154.2	177.1	21.7	96.4
球茎	10.5	0.5	40.8	3.7	5.4	0.4	739.9	109.3	6.2	45.1
合计	128.6	11.5	419.9	70.6	34.2	11.1	976.0	1 358.2	106.8	203.3

对于微量元素，巴西蕉吸收养分量为锰>铁>锌>硼。绝大部分铁集中在球茎和假茎，锰主要分布在叶片、叶柄和假茎中，硼在各部位的分布相对均匀，在叶片、假茎、果肉、果皮和叶柄中含量均较高，锌则主要集中在假茎和球茎中。收获果穗带走的铁占全株总吸铁量的 2.1%，锰占 16.5%，硼、锌分别占 38.2%和 21.2%。因此，香蕉收获后的残株尚含有大量的大、中、微量元素养分。只要是健康的香蕉残株，均应尽量就地还田以减少施肥量。

巴西蕉在亩产 4 032 千克的高产条件下，植株需要吸收的养分量为 18.50 千克氮、1.65 千克磷、60.48 千克钾、

10.16千克钙、4.92千克镁、1.61千克硫、140.56克铁、195.59克锰、15.36克硼和29.27克锌。即生产每吨果实的养分吸收量为4.59千克氮、0.41千克磷、15.0千克钾、2.52千克钙、1.22千克镁、0.40千克硫、34.86克铁、48.51克锰、3.81克硼和7.26克锌。

四、香蕉测土配方施肥技术

（一）香蕉果园土壤样本及植株样本的采集

土壤样本的采集：用土钻采8～10钻土，采样深度为0～50厘米，充分混匀作为一个土样。如果土壤量太多，可用四分法减少取样量，但应保证每个土样有1千克。采集土样时，推荐采用"之"字形法采样。

植株样本的采集：选择生长正常及适中的植株，从香蕉顶部倒数第三叶中部，从叶缘至中脉割取10厘米宽的叶片，采8～10株的叶片混合作为一个叶片样本。在香蕉成熟期，选择成熟度一致、大小适中的果穗，取其第二、三梳果实进行品质分析和农艺性状调查。

（二）香蕉果园土壤肥力状况

根据近年来对广东省蕉园土壤养分状况的调查显示，如以第二次全国土壤普查评价标准进行评价，广东省蕉园土壤整体上有机质、有效镁含量为中下水平，有效磷、有效铁、有效锌含量丰富，有效钙含量为中上水平，速效钾、缓效钾、有效硫含量较高，而有效锰含量丰富与缺乏情况均存在，有效硼含量较普遍缺乏。进一步的分析表明，广东缺钾蕉园主要集中在惠州，缺镁蕉园主要分布在茂名和阳江，缺锰蕉园主要在茂名，而阳江、肇庆、阳江、惠州、东莞、潮州和汕头地区的蕉园普遍缺硼。然而，与第二次土壤普查结果相比，由于经过多年的耕作和培肥，广东省蕉园土壤的有机质含量明显下降，有效磷和速效钾含量则大幅提高。

广东省农业科学院土壤肥料研究所对蕉农施肥情况进行了调查。珠江三角洲蕉农普遍反映香蕉施肥以氮、磷、钾肥为主，较少施用有机肥，极少施用中、微量元素肥料，而粤西产区蕉农则较多施用有机肥，化肥也常施用氮、磷、钾肥，但几乎不施用中、微量元素肥料。这与广东蕉园土壤普遍缺乏中、微量元素的现状是吻合的。因此，在香蕉测土配方施肥工作中，应该重视有机肥及中、微量元素的合理施用。

（三）肥料施用技术

1. 氮、磷、钾肥施用总量 氮、钾养分是香蕉植株营养交互作用的主要决定因素。当氮肥的用量增加时，需要补充更多的钾才能获得增产。根据香蕉的营养特性，不论从不同生育期对钾素的吸收及钾素总养分累积比例来看，香蕉的正常发育需要大量的钾肥，是典型的嗜钾作物。另外，氮素营养也是香蕉最重要的营养因子之一，香蕉对钾、氮养分的吸收大大高于其他养分。因此，在香蕉施肥上，应充分考虑到氮、钾营养的平衡供应。

在实际生产中，由于土壤养分状况、田间管理水平及目标产量不同，以施入养分的 K_2O/N 比来指导香蕉施肥，基本上可以满足香蕉在不同阶段生长发育的所需。由于各地所用有机肥的种类及养分含量差异很大，本部分内容仅用化肥来计算香蕉所需的氮、磷、钾养分施用总量。在各地测土配方施肥具体实施过程中，应根据各地的具体情况把所施用有机肥的养分扣除后才计算化肥的实际用量。表 6－4 提供了一套计算氮、钾肥总施用量的实用参考指标。首先根据土壤速效钾含量测试结果，设定目标产量，再确定纯氮用量，按照钾氮肥施用比例计算香蕉全生育期的氮钾肥总用量。对于磷肥用量，一般肥料施入养分比例 P_2O_5/N 为 0.25～0.35 就可以满足香蕉对磷素的需要。

表 6－4 香蕉钾氮肥分级施用指标

土壤速效钾（K_2O，毫克/千克）	目标产量（吨/亩）	纯氮施用量（千克/亩）	钾氮肥施用比例（K_2O/N）
＞900			不施钾肥
600～900			0.3～0.6
300～600			0.6～1.0
150～300	2.5～4.0	35～45	1.0～1.2
75～150			1.2～1.3
＜75			1.3～1.4

例：一香蕉果园土壤经测试速效钾含量为 200 毫克/千克，香蕉目标产量为 3.0 吨，设纯氮总用量为 38 千克/亩，则氧化钾总用量为 38×1.15＝43.7（千克/亩），五氧化二磷总用量为 38×0.25～38×0.35＝9.5～13.3（千克/亩）。

如氮肥用尿素，尿素含氮量为 46%，则尿素总用量为 38÷0.46＝82.6（千克/亩）；如钾肥用氯化钾，氯化钾含氧化钾为 60%，则氯化钾总用量为 43.7÷0.6＝72.8（千克/亩）；如磷肥用过磷酸钙，其五氧化二磷含量为 12%，则过磷酸钙总用量为 9.5÷0.12～13.3÷0.12＝79.2～110.8（千克/亩）。

在钾肥种类选择上，广东省农业科学院土壤肥料研究所在该省中山市黄圃镇进行了氯化钾和硫酸钾的肥效比较试验。结果表明，在施钾量相等的情况下，氯化钾和硫酸钾对香蕉营养生长、抽蕾和果实发育的影响都没有明显差异，产量极为接近。在热带、亚热带，雨量充沛，施用氯化钾带入的大量氯离子容易被雨水或灌溉水淋失，对香蕉生产发育基本没有影响。

2. 氮、磷、钾肥料分配 推荐香蕉每亩施用有机肥 500 千克，在蕉苗定植前施于定植穴，与土壤混匀后移栽。一半的磷肥作为基肥施用，其余一半可在香蕉生长前、中、后期平分为 3 次施用。氮钾肥可作为追肥施入。在生长前期，勤施薄施 20%～25%的氮钾肥；在花芽分化期前至抽蕾期，重施肥料，氮钾肥用量约占总量的 50%左右；抽蕾后至果实成熟期施肥量减少，施入约 25%～30%的氮钾肥。

3. 施肥方法 广东省农业科学院土壤肥料研究所在广州市番禺区比较了香蕉不同施肥方式对香蕉产量和效益的影响。在土壤有效氮含量缺乏，有效钾含量中等，其他养分较丰富的情况下，全年肥料养分用量为纯氮 37.1 千克/亩、五氧化二磷 11.9 千克/亩和氧化钾 42.1 千克/亩。虽然采用不同施肥方法对香蕉前期长势有一定影响，但对产量影响不大（表 6－5），而且对蕉果品质也没有明显影响。然而，不同施肥方法的工作效率存在较大差别。其中，撒施肥料效率最高，次之为淋水肥，沟穴施肥人工成本最高。对于小规模种植农户，如忽略人工成本，以前中期水肥后期沟穴施肥效益最高，全期撒施肥料效益稍次之。对于大规模种植农户，由于雇工成本高，则以全期撒施肥料效益最高。此外，由于试验点周边香蕉有枯萎病发生，沟穴施肥处理香蕉有零星发病，其他方式则均没有发病，这显示田间人为活动可能会促进枯萎病的发生。因此，在香蕉生产中选用何种适合施肥方式，需要根据蕉园土传病害发生情况、施肥人工成本及种植规模确定。

表 6-5　不同施肥处理香蕉产量

施肥方法	产　量（千克/亩）	增　产	
		千克/亩	%
全期撒施	3 323.2a	—	—
前中期撒施后期沟穴施	3 250a	−73.2	−2.2
前中期水肥后期撒施	3 258.5a	−64.7	−1.9
前中期水肥后期沟穴施	3 381a	57.8	1.7

4. 施肥位置　从香蕉根系在不同生育期的生长情况来看，肥料适宜施在根系分布最为集中的区域。如果开沟穴施肥，宜在距离蕉头 40～70 厘米的区域开浅沟或挖深约 20 厘米的穴施入肥料。如撒施或淋施水肥，适宜在土表全层进行。

5. 香蕉适用复混肥的选择　在生产中，由于复混肥同时含有氮、磷、钾养分中的两种或 3 种，养分相对均衡，施用方便，加上香蕉种植效益相对较好，蕉农普遍大量施用各种各样的复混肥。但是，面对各种品牌的复混肥，人们常常不知道如何选购香蕉适用的复混肥。根据我国复混肥包装标识规定，复混肥的氮（N）、磷（P_2O_5）、钾（K_2O）养分含量必须在外包装上标出，这就为人们选购适量的香蕉适用的复混肥提供了依据。选购复混肥方法如下：

首先，明确复混肥的钾、氮、肥养分比例，确定其是否适用于香蕉。如某香蕉专用肥外包装标识的氮、磷、钾养分含量为 13-5-15，即该复混肥的钾氮肥养分比例为 15÷

13=1.15，磷氮肥养分比例为 5÷13=0.38。假定某蕉园土壤速效钾含量经测定为 250 毫克/千克，根据表 6-4 提供的钾氮肥施用分级指标，即可选择该种香蕉专用肥作为该果园的第一年蕉的用肥；如果蕉园土壤速效钾含量只为 90 毫克/千克，对于第一年蕉，应该选择钾氮肥比例为 1.2～1.3 的复混肥。

其次，根据复混肥的含氮肥量或含钾量确定其适宜用量。如上例蕉园土壤速效钾含量测定为 250 毫克/千克，第一年蕉目标产量为 3.5 吨，根据表 6-4，香蕉全生育期的总施氮量约为 40 千克/亩，香蕉专用肥（13-5-15）的含氮量为 13%，即需要购买该香蕉专用肥约 40÷13%=307.7（千克）。

另外，如果手头上没有适用于香蕉的复混肥，可以在已有复混肥的基础上补充适用氮肥或钾肥调节肥料的钾氮肥施用比例。继续以上例速效钾含量为 250 毫克/千克的蕉园进行说明。若目前只有钾氮肥养分比例为 15÷10=1.5 的复混肥，氮素相对不足，则需要补充适量氮肥调节钾氮肥比例至 1.0～1.2；若复混肥钾氮肥养分比例为 10÷20=0.5，钾素相对不足，则要补充钾肥方可满足香蕉正常生长发育所需。

相对于钾、氮养分，香蕉对磷的需求量很小。如果种植香蕉时以施三元复混肥（同时含有氮、磷、钾养分的复混肥）为主，则可不施或少施过磷酸钙等磷肥。

6. 镁肥施用技术 香蕉为嗜钾作物，但在吸收钾、镁间却存在着交互作用。世界上许多香蕉产区推荐施用镁肥以防止钾镁失衡。如在中南美洲，每亩每造施用 6.7 千克纯镁有显著增产效果。而在土壤含镁量较高的珠江三角洲香蕉产区，香蕉施镁作用不大，如施镁量过高，对产量反而不利。

但是，在广东省的茂名、阳江等地蕉园土壤有效镁较为缺乏。福建省漳州市农业局对香蕉园土壤养分调查也显示，漳州市 36.4%的蕉园土壤缺镁，10.7%的土壤严重缺镁。在缺镁香蕉产区，施用镁肥有较好的增产增收作用。广东省农业科学院土壤肥料研究所在四会市大沙镇缺镁蕉园（土壤有效镁为 54.2 毫克/千克）进行的香蕉钾镁肥配施试验显示，在施用氮、磷、钾肥的基础上配施适量镁肥，提高了香蕉在营养生长期及抽蕾期叶片的镁素营养，增产果实 6.5%～15.7%，每亩增收 136～267 元。另外，在福建漳州进行的试验也表明，连续两年施用氢氧化镁均可获得香蕉 10%的增产。

目前常用镁肥种类主要有农用硫酸镁、钙镁磷肥、硫酸钾镁肥。菱镁矿（主要成分为碳酸镁）及氯化镁也常用作镁肥。表 6-6 为常用镁肥的含镁量及其在缺镁地区香蕉全生育期的推荐用量。镁肥每次施用比例可参照表 6-4 中氮、磷、钾肥的施用比例，与氮、磷、钾肥一起施入。

表 6-6　常用镁肥基本性状及推荐用量

种　类	基本性状	推荐用量（千克/亩）
农用硫酸镁	为粉状或球状，白色或淡黄等，易溶解，具有吸水性和黏结性，含氧化镁 23%、硫 18%	15～20
钙镁磷肥	为灰白、浅绿、灰棕等颜色的玻璃体粉末，不吸湿，不结块，水溶性差，物料呈微碱性，含五氧化二磷 12%～20%、氧化镁 8%～20%、氧化硅 20%～35%	25～35
硫酸钾镁	青海产硫酸钾镁为白色粉状或粒状，溶解性较好，具吸水性，含氧化镁 8%、氧化钾 22%、硫 14%	40～50

7. 微量元素肥料施用技术 由于香蕉产量高，带走的养分量大。目前在香蕉生产上，氮、磷、钾肥已成为常规用肥，但却不注意中、微量元素的补充，蕉园，尤其是老蕉园土壤的钙、镁、硼、锌等均较普遍缺乏。因此，及时补充适量的微量元素养分是必需的。

微量元素肥料喷施方法：营养生长期喷施叶面 2 次（12～13 叶期第一次，24～26 叶期第二次），抽蕾期及断蕾期各喷 1 次。营养生长期喷液量为 80 千克/亩，抽蕾期喷 120 千克/亩，幼果期只喷蕉指，用液量为 30 千克/亩。

香蕉叶片及蕉果披蜡质，在喷施微量元素时应在溶液中加少量洗衣粉或表面活性剂（也叫展着剂），以增加溶液在叶片及蕉果上的附着能力，促进叶片对中、微量元素的吸收。

另外，建议每年香蕉亩施 50 千克石灰，即可补充土壤钙素，调节土壤酸性，也可杀菌消毒。

8. 香蕉水肥一体化施肥技术 由于香蕉是“大水大肥”作物，香蕉全生育期需水总量约 2 400 毫米（折 1 600 米^3/亩），水分不足会严重影响植株生长，而香蕉的根为肉质根，土壤水分过多又会影响其透气性，对根系生长发育不利，从而影响根系吸收水分和养分的能力；加上香蕉施肥次数较多，特别在封行后施肥时行走不便，到了旺长期高温炎热，施肥灌溉田间劳作条件较为辛苦，因此香蕉采用水肥一体化施肥技术可以既满足香蕉水分需要，又不影响土壤的通气状况，有效地解决香蕉水分管理中的水汽矛盾和施肥操作问题，节省施肥人工。

香蕉的水肥一体化施肥技术要求根据香蕉整个生育期生长需要计算出施肥总量和各生育期各肥料品种的施用量。对于首次使用此项技术的农户，尽量采用少量多次的原则，根据香蕉植株的长势，随时增加或减少相应的肥料施用量。由于香蕉是浅根系作物，绝大部分根系分布在 30 厘米以上的土层内，当采用水肥一体化施肥技术时，一般采用张力计监测水分。将一支张力计埋至土层 30 厘米进行测定，使土壤湿度保持在田间持水量的 60%～80%为宜。

第七章 菠萝测土配方施肥技术

一、我国菠萝种植区域布局

菠萝［*Ananas comosus*（L.）Merr.］又名凤梨，属凤梨科凤梨属草本植物，原产南美洲热带地区的巴西，现在世界上 40 多个国家均有分布。菠萝是世界第三大热带水果，也是世界第七大水果。菠萝鲜果品质优良，果肉甜酸多汁味美，具有特殊果香，富含食用纤维，是一种深受人们喜爱的健康食品。菠萝罐头是唯一能保持果实原来风味的水果罐头，是国际市场上水果罐头的主要产品，仅次于桃罐头，在国际水果贸易中占有重要地位。除制成罐头之外，还制成菠萝果汁、菠萝晶粉，此外在医药、酿造、纺织、制革等工业上也有一定用途，综合利用范围很广。菠萝生长强健，适应性广，病虫害少，容易管理，特别适宜在新垦的丘陵山地栽培。

我国菠萝栽培大约起源于 16 世纪中期，20 世纪六七十年代起我国已有较大面积商业栽培。当时主要种植在广东的粤西、粤东、粤中，广西的桂东南、桂西南，海南的海口、文昌、琼山、定安，福建省主要集中在龙溪地区、厦门市、晋江、福州，云南省主要分布在西双版纳、红河、河口市、元江、元阳以及我国台湾省也有大面积种植。现在我国已成为世界主要菠萝生产大国，在世界菠萝生产和贸易中占有重要地位，菠萝产业也正成为我国热带、南亚热带菠萝主产区的重要产业。经过几十年最优生态和人文环境选择，目前我国菠萝主要集中种植在广东省雷州半岛的徐闻、雷州，海南省的万宁、琼海、昌江，广西壮族自治区的南宁、钦州、防城，福建省的龙海市、漳浦，云南省西双版纳等地。据有关统计资料表明，2008 年我国种植菠萝 81 万亩（不含台湾省），总产量 93.5 万吨，总产值达 10.3 亿元。其中广东省种植面积最大，达 38.5 万亩，占全国总面积的 47.5%，产量 55.6 万吨，产值 5.6 亿元；海南省种植 22.9 万亩，产量 28.1 万吨，产值 3.4 亿元；福建省种植 6.98 万亩，产量 4.2 万吨，产值 6 180 万元；广西壮族自治区种植 6.4 万亩，产量 2.7 万吨，产值 2 132 万元；云南省种植 6.3 万亩，产量 2.9 万吨，产值 5 329 万元。

目前我国菠萝栽培地带从属两个气候带：一是北热带地区，包括广东省的雷州半岛，海南省全省，云南西双版纳部分地区，这些地区是菠萝主栽区，其种植面积和产量占全国菠萝栽培面积和产量的 70%以上。北热带地区的地带性土壤为砖红壤，成土母质主要有玄武岩、花岗岩、浅海沉积物；另一区域是南亚热带地区，包括广西东南部、云南西双版纳部分地区、福建东南沿海地区，为典型的赤红壤地区和部分红壤地区，成土母质主要有浅海沉积物、花岗岩、沙页岩、第四纪红土、石灰岩。

广东省：是我国菠萝的主要产区，主要分布在雷州半岛徐闻和雷州，此外在粤中也有少量栽培。除丰收糖业发展有限公司种有少数卡因品种外，其余地区都是栽植巴厘（广西又叫“菲律宾”）品种，种植区域立地土壤为玄武岩发育而成的砖红壤，其土壤质地为黏土，固磷能力较强。

海南省：菠萝主要分布在万宁、琼海、昌江，主栽品种为巴厘或台农系列品种，也是我国菠萝主栽区域，由于此区域光热资源充足，是发展优质菠萝的好地方，但由于此区域菠萝大多种植在丘陵上，土层浅薄，经过多年种植，土壤更加瘦瘠，保水、保肥能力差，是我国菠萝施肥量最大的区域。

福建省：菠萝主要栽培区域为龙海市、漳浦，主栽品种为卡因类沙越捞。种植区立地条件主要是丘陵坡地，其土壤质地大多为砂壤土或砂土。

广西壮族自治区：主要种植区域是广西南宁、钦州、防城，主栽品种为巴厘，种植区域立地条件主要有浅海沉积物发育而成的赤红壤（其土壤质地为砂壤土或砂土）和砂页岩、石灰岩、第四纪红土发育而成的赤红壤或红壤，其土壤质地为黏壤土和黏土。其主栽品种是菲律宾种。

云南省：主要栽植在西双版纳、德宏州，属北热带和南亚热带气候带，主栽品种为卡因和巴厘，种植区立地条件主要是丘陵坡地，土层较为深厚，其土壤质地大多为由砂页岩、花岗岩、千枚岩、红色黏土、石灰岩等母质发育而成的砖红壤、红壤，其土壤质地为黏土、黏壤土、壤土。

二、菠萝的生长发育特性

菠萝原产热带地区，喜温湿，忌霜冻，以年平均气温24～27℃的地区种植最为适宜，在亚热带最冷的12月至次年的2～3月内平均气温大于18℃的地方，可以大面积种植；冬季温度在5℃以下时，菠萝易受冻害。在有霜冻危害的地方，要注意选择地形、地势、坡向，及时采取防寒措施，以减轻冻害。雨季要注意排水，在山坡倾斜地种植，要注意做好水土保持，避免过度冲刷。菠萝喜疏松透气性良好的土壤，在土层深厚、肥沃、粒状结构、排水良好的土壤上栽培容易获得高产。菠萝喜酸性土壤，中性或碱性土壤不利于生长。下面简单介绍菠萝植株各部分器官的生长特性。

1. 菠萝根系生长　菠萝的根为纤维质须根，细长而多分支，有五方面特性：一是浅根性，绝大部分根系分布在10～25 厘米左右的深度内；二是好气性，喜好松软土壤，遇积水、土壤板结、透气不良，或种植过深，根系生长衰弱；三是对地温的反应敏感，生长适宜的地温为 29～31℃，在 43℃或 5℃以下根会停止生长；四是喜酸性，最适宜酸碱度 pH 为 4.5～5.0，但 pH 低于 4 时根系生长不正常；五是具有气生根，除地下根外，菠萝还有气生根，分布在茎部和各种芽苗叶腋里，有吸收水分和养分的功能，当接触土壤后，即变成地下根。

2. 菠萝茎部生长　菠萝的茎可分为地上茎和地下茎，地上茎被螺旋状排列的叶片紧包着，上面着生许多休眠芽，可供繁殖用，茎部含有丰富的淀粉，而且在采果后茎部淀粉量急增，以供给幼苗生长需要。茎的粗壮程度是反映植株强弱的重要标志。

3. 菠萝的吸芽　吸芽又称为菠萝笋，着生于母株地上茎的叶腋间，一般在母株抽蕾后才抽出。凡是用作种苗的吸芽，要充分成熟，即叶身变硬、叶片开张，长到 25～35 厘米长以上，剥去基部叶片后，露出褐色小根点时即为成熟。卡因品种的吸芽少，很少用作种苗。如果用较大的吸芽种植，一般在一年左右后便可开花结果。

4. 菠萝叶片生长　在高温多湿的月份，菠萝的叶片生长迅速，如果叶片多、叶片大，果也大，可凭叶数多少和叶片大小来判断将来菠萝的产量，因此在冬季低温来临之前，采取适当水肥措施促使多抽叶片，是菠萝增产的措施。叶腋里的根点和芽点，都有吸收养分和水分的能力，因此，可以在菠萝生长期间进行根外追肥和喷施植物激素催花。

5. 菠萝花果生长 当菠萝茎的顶部出现淡红色的晕圈时，便开始抽蕾，抽蕾后20～30天便开始开花，每一花序有小花100～200朵，花数越多，果实越大。菠萝从开花到果熟约经120～180天，温度越高，则成熟期较早。一般经历3个时期：一是正造花，在2、3月左右开花，6月底至8月初采果，俗称“正造果”，占全年结果量的60%以上，质量较好；二是二造花，4、5月下旬开花，9月果熟，所结的果为二造果，约占全年结果量的25%；三是三造花（翻花），7月及以后开的花，10月后可采收，翻花果约占全年结果量的13%，果较大、糖分低、酸度高、品质较差。

三、菠萝测土配方施肥的特点

菠萝一个生长周期约为16～24个月，其生长发育特点是当营养生长到一定程度时，就可以使用植物生长调节剂催花。同一品种，植株重量是与果重量成正比的，即菠萝植株生长得越好，其产量就越高。在我国菠萝病虫害极少，其农资生产投入主要是肥料，近年来，为了提高菠萝单产，人们大多采用两年一收耕作制度，特别是我国主产区广东省湛江市的雷州，基本上是采取当年种，下一年收获的种植方式。

我国菠萝有多年的栽培历史，经过多年种植，其土壤条件发生了较大变化，特别是近年来由于有机肥投入减少，加上掠夺性种植方式，在某些地方土壤肥力退化非常严重，菠萝生长主要靠施肥。但目前我国菠萝产区盲目施肥现象还是比较突出，表现在氮、磷、钾比例不协调，氮、磷、钾施用量过多或不足，中、微量元素极少施用。近年来，肥料价格大幅攀升，菠萝种植效益开始下降，为了提高菠萝种植经济效益，合理施肥是最重要的技术措施。

测土配方施肥（Soil testing and formulated fertilization）是以肥料田间试验、土壤测试为基础，根据作物需肥规律、土壤供肥性能和肥料效应，在合理施用有机肥料的基础上，提出氮、磷、钾及中、微量元素等肥料的施用品种、数量、施肥时期和施用方法。

菠萝既不同于木本果树，也不同于一般大田作物，与其他大田作物相比，菠萝在生长发育与营养特性上有如下特点：

①生长周期长。巴厘品种用大苗种植要一年，用小苗种植则要 16 个月；卡因品种用大苗种植要 16 个月，小苗种植要 24 个月。在目前菠萝生产中，大部分是采用小苗种植，小苗种植的生长周期长，要多次施肥才能满足其生长发育需要。

②田间管理不方便。在菠萝生长中后期，菠萝生长已封行，田间施肥很不方便，中后期施肥通常采用撒施方式。

③菠萝叶片厚，能忍受较高叶面肥浓度，因此叶面施肥是一种重要施肥方式。施用叶面肥不但能大幅度提高肥料利用率，而且能满足菠萝对水分的需求。

④用于菠萝种植的主要有吸芽（腋芽）、托芽（裔芽）、顶芽（冠芽），这些苗种类、大小对菠萝生长、产量、品质及肥料需求有较大影响。苗大的生长快，从土壤中吸收养分多，苗小的生长慢，从土壤中吸收养分少。所以在做田间试

验时，苗的种类和大小尽可能要均匀一致。

因此不但要根据土壤肥力状况进行施肥，而且要考虑菠萝生长发育和营养特点进行测土配方施肥。

四、我国南方各省菠萝园土壤养分状况

广东省：据中国热带农业科学院南亚热带作物研究所对广东省湛江市雷州半岛菠萝主栽区雷州市和徐闻县两个主产市（县）55个土壤样本（深度0～20厘米）的测试结果表明（表7-1），土壤有机质含量为1.46%～2.63%，平均值为2.06%，处于低水平的占12.7%；全氮为0.69～1.38克/千克，有11.3%处于较低水平，平均值0.99克/千克；有效磷的范围在2.8～10.9毫克/千克之间，平均值为5.6毫克/千克，有75.6%的土壤样本处于较低的水平；有效钾为33.7～306.3毫克/千克，平均值为163.9毫克/千克，处于低水平的占11.2%，表明雷州半岛菠萝园地土壤磷最为缺乏，要注意磷肥施用。

表7-1 广东省主要菠萝园土壤有机质和大量元素含量状况

项 目	有机质（%）	pH	全氮（克/千克）	有效磷（毫克/千克）	速效钾（毫克/千克）	交换性钙（毫克/千克）	交换性镁（毫克/千克）
含量范围	1.46～2.63	4.11～6.40	0.69～1.38	2.8～10.9	33.7～306.3	660～2 000	60～150
平均值	2.06	4.58	0.99	5.6	163.9	998	82
低水平所占土壤百分比(%)	12.7		11.3	75.6	11.2		

在土壤中量元素含量中，交换性钙的养分值在660～

2 000毫克/千克之间，平均值998毫克/千克，交换性镁的养分值在60～150毫克/千克之间，平均值82毫克/千克，镁含量偏低。美国学者研究表明，由于菠萝需钙较少，当pH大于4.6时，不需要施用钙肥。雷州半岛土壤平均pH接近4.6，且土壤交换性钙含量较高，所以基本上不需要施用钙肥的，但要注意镁肥的施用。

福建省：有关菠萝园土壤养分含量研究材料较少，根据刘长全（2004）的测定结果，福建漳州菠萝园土壤有机质含量为1.39%，pH为4.80，全氮为0.92克/千克，速效磷为8.1毫克/千克，速效钾为9.1毫克/千克，代换性钙为200毫克/千克，代换性镁为120毫克/千克。土壤有机质及速效磷、钾偏低，代换性钙、镁也都偏低。

广西壮族自治区：根据周柳强（2003）的测定结果，广西浅海沉积物发育而成红砂土，其有机质2.15%，pH为4.7，全氮含量0.89克/千克，全磷0.4克/千克，全钾2.34克/千克，速效磷6.0毫克/千克，速效钾34毫克/千克，盐离子交换量12.7厘摩尔/千克土；广西南宁红壤土有机质0.62%～2.7%，pH为4.6～5.91，全氮0.63～1克/千克，速效磷4～8.6毫克/千克，速效钾25.0～172.3毫克/千克。浅海沉积物发育而成的土壤养分含量都较低，而红壤土壤氮、磷含量较低，速效钾含量变化幅度较大。因此，对于浅海沉积物发育而成的菠萝园，应加强氮、磷、钾肥料的施用，对于红壤土，应针对菠萝果园具体氮、钾养分含量情况进行施肥。

海南省：据陈明智（2002）报道，龙滚菠萝园0～20厘米土层土壤有机质含量为1.56%，全氮为0.6克/千克，全磷为0.5克/千克，全钾为5.3克/千克，碱解氮为69.8毫克/千克，速效磷为4.6毫克/千克，速效钾为30.2毫克/千克。海南菠萝园大都建在坡地、丘陵地带，大多为浅海沉积物发育土壤，砂粒含量较多，土壤较为瘦瘠，应增施有机肥，多施中、微量元素肥料，特别是硼、锌等元素肥料。海南菠萝产区是我国施肥量最高的产区，据调查，每亩施用氮、磷、钾肥料量达到453千克。

云南省：土壤有机质含量较高，达3%～5%，pH为4.2～6.0，全磷含量仅0.3～1.75克/千克，全钾为9～30克/千克，阳离子交换量为5～10厘摩尔/千克土，土壤中速效性养分含量较低。土壤偏酸，其土壤质地大多为黏土、黏壤土。

我国菠萝养分含量较为丰富的地区为广东省的雷州半岛，其土壤是火山爆发而形成，土层深厚，地势较为平坦，菠萝常与其他作物如甘蔗、良姜、香蕉进行轮作，菠萝收获后一般用机器把菠萝粉碎还田，养分得以积累，所以土壤养分含量比不耕种土壤高。而在海南、福建、广西、云南省大部分菠萝产区，其菠萝收获完毕后就把植株挖断，并从地里拉出、烧掉，而且菠萝园很少耕作，造成这些地区菠萝园土壤肥力退化严重，有机质以及速效氮、磷、钾养分含量都大幅降低，有些菠萝园在开垦几年后就不能种植。为了维持菠萝较高产量水平，其施肥量要比刚开垦时大幅增加。对于这类地区，应考虑等高种植，在多施有机肥的基础上进行平衡施肥。

五、菠萝的营养特性

1. 菠萝果实（或果+芽）带走的养分量 根据菠萝目

标产量制定施肥方案时，菠萝果实的养分带走量是首要考虑的指标，要根据品种的不同作出相应的调整。不同菠萝品种果实养分带走量稍有不同，根据中国热带农业科学院南亚热带作物研究所分析测定，每 1 000 千克果实氮带走量在 0.73～0.76 千克之间，巴厘与卡因两个品种带走量差异不大；五氧化二磷带走量在 0.099～0.111 千克之间，其中卡因品种略高于巴厘；钾带走量在 1.63～1.71 千克之间，巴厘品种略高于卡因品种。

通常情况下，菠萝芽作为繁殖材料也会随着果一齐从土壤中带走养分，据中国热带农业科学院南亚热带作物研究所调查，每带走的 1 000 千克果实中，果与芽带走的氮养分量在 0.95～0.99 千克之间，五氧化二磷带走量在 0.13～0.14 千克之间，钾带走量在 1.99～2.09 千克之间。

2. 菠萝不同生长器官的养分元素含量

（1）叶片　根据南亚热带作物研究所研究分析测定结果，巴厘和卡因品种的矿质营养元素含量从高到低的排列顺序为钾、氮、钙、硫、镁、磷、铁、锰、硼，不同品种叶片氮、磷、钾含量差异不大，钾含量是氮的 2.07～2.85 倍，所以在菠萝栽培中，要加强钾肥的施用，以满足菠萝对钾的需求。嫩叶磷、钾含量略高于成熟叶，而成熟叶氮、磷、钾含量则高于老叶，说明随着叶片衰老，叶片氮、磷、钾养分会向新生器官转移。与芒果等其他热带果树相比，菠萝叶片钙含量不高，只有 0.4%～0.6%。

（2）茎　菠萝茎是叶片着生的位置，是植株支撑的器官，同时也是养分贮藏的器官。菠萝茎氮、磷含量与成熟叶片差异不大，钾含量则大大低于成熟叶片。茎越大，产量越高，培育健壮的茎是取得高产的关键。

(3) 根系　菠萝根系的氮、磷、钾含量不但远远低于叶片，而且低于其他器官，但铁含量则远远高于其他器官。

(4) 果柄　菠萝果柄氮、磷含量较低，与根系相差不大，但钾却远高于根系，与叶片差不多。

(5) 果实　菠萝收获期果实的养分含量顺序为钾＞氮＞磷，磷含量与成熟叶片差异不大，氮、钾含量则低于成熟叶片。

(6) 芽　同其他器官一样，菠萝芽的养分含量顺序为钾＞氮＞磷，且芽氮、磷、钾含量较高，特别是磷含量大大高于叶片，所以为了培育壮苗，应注意磷肥施用，特别是磷含量低的土壤。

3. 主要生长部位的养分动态变化

(1) 叶片养分动态变化　巴厘、菠萝两个品种的叶片氮、磷、钾含量在菠萝快速生长期略有下降，在果实生长发育期则显著下降，这表明果实生长发育消耗了叶片中的氮、磷、钾养分量，为了促进果实生长发育，在果实生长发育期还应施入适量氮、磷、钾肥。

(2) 茎养分动态变化　在营养生长发育期，茎部氮、磷、钾养分含量则有升有降，在快速生长期略有下降，在缓慢生长期则略有回升；在果实生长发育期，茎氮、磷、钾养分含量则逐步下降。

(3) 根系养分动态变化　同茎一样，在菠萝营养生长发育期，根系氮、磷、钾含量有升有降，在前期略高，后期略有降低，在生殖生长发育期，根系氮、磷、钾养分略有下降。

(4) 果柄养分动态变化　果柄氮、磷、钾养分含量是随着其生长而下降。

（5）果实养分动态变化　果实氮、磷、钾养分含量是随着果实生长而下降。

4. 菠萝产量与营养的关系　菠萝产量主要与种植密度、单株菠萝果重有关，一般情况下，随着种植密度增加，其产量是增加的，但平均单果重是下降的，菠萝与植株养分关系存在一定正相关，即适宜养分含量是取得高产的必要前提，但主要与植株重量有关，同一品种（或品系），随着植株重量增加，其果重也增加。

5. 菠萝裂果与营养的关系　菠萝裂果在许多品种上都有发生，但有些品种特别明显。菠萝裂果与水分密切相关，干旱后突然降雨，极易造成裂果，所以在干旱时应适当进行灌溉。菠萝裂果也与果实养分含量有一定的关系，特别是硼、钙元素缺乏易造成裂果，另外，氮含量过高也易造成裂果。

6. 菠萝黑心病与营养的关系　菠萝黑心病是一种多因素引起的果肉变褐、变黑的生理性病害。造成菠萝黑心病原因有许多，如病毒、果实发育期低温。另外也与果实养分含量、各元素比例有很大关系。如果实生长发育期过量施用氮肥，造成果实膨大过快，果实氮含量过高，极易出现黑心病。另外，施用氯化钾由于能增加果酸和维生素 C 含量，因而可减轻黑心病为害，但硫酸钾则没有此功能。所以在果实生长发育期要减少植物生长激素施用次数，少施氮肥，以防黑心病发生。

六、菠萝的缺素症状

菠萝的营养失调症状有缺氮、氮过剩、缺磷、磷过剩、缺钾、缺钙、缺镁、缺铁、锰过剩和缺硼等，微量元素缺乏报道极少。现将菠萝缺素症状列举如表7-2。

必须注意的是，菠萝黄化失绿除了可能是缺氮、缺铁外，土壤中可交换性锰含量过高也易造成菠萝失绿黄化；菠萝粉蚧、线虫等为害根系后也会引起菠萝失绿黄化，所以菠萝失绿黄化诊断必须结合气候、土壤条件、栽培措施、病虫害状况进行综合分析，找出“病”根，才能对“症”下药。

表7-2　菠萝常见缺素症状及矫正

营养失调类型	症　状	矫正措施
缺氮	总体失绿，黄化，叶尖坏死，特别是老叶	及时施氮，喷施2.0%～3.0%尿素或硝酸铵，每7天1次，共3次
氮过剩	叶色浓绿，叶片薄、大、软，果实易得黑心病，果实不耐贮存	平衡施肥，特别加强钾肥和钙肥的施用
缺磷	叶色变褐，特别是老叶更为明显。老叶叶尖和叶缘干枯，显棕褐色，并向主脉发展，枝梢生长细弱，果实汁少、酸度大	及时深施磷肥，并配施有机肥，叶面喷施2.0%～3.0%的磷酸铵或磷酸二氢钾
磷过剩	类似氮过剩症状，严重时会显示缺钙、缺锌症状	近两年不再施用磷肥，加施钙、锌肥
缺钾	植株矮小、叶窄	及时施钾，喷施3次2.0%～3.0%氯化钾或硝酸钾或硫酸钾，每隔10天喷1次
缺钙	很少出现缺钙可视症状	对于酸性过强，可交换性钙含量较低时，可合理施用石灰
缺镁	老叶显淡黄色，叶脉仍显绿	喷施1.5%～2.0%硫酸镁或硝酸镁

（续）

营养失调类型	症　状	矫正措施
缺铁	植株中上部叶变黄失绿，严重时整株叶片失绿黄化，但叶片仍然有绿色条纹	加强施用有机肥料，叶面喷施1.0%～1.5%硫酸亚铁
锰过剩	幼嫩叶黄化，叶片不均匀失绿，呈黄绿相间云团状，随时间推移，失绿随叶位下移，后期整株黄化，基部叶片干枯，菠萝植株矮小，叶片少而薄，果小，严重时不能抽蕾	深耕，客土，喷施1.0%～2.0%硫酸亚铁
缺硼	畸形，皮厚小果，小果之间爆裂，充斥着果皮分泌物，顶苗少或没有，托芽多，叶末端干枯	喷施0.3%～1.0%硼砂

七、菠萝的叶片分析诊断

1. 诊断部位 目前国内外对菠萝叶片诊断的采样部位主要有两种方法：

①刚成熟叶白色基部，即“D”叶白色基部。

②刚成熟叶绿色部分。但以第一种方法使用得最多。

2. 菠萝叶片营养诊断标准 在这些不同标准中，氮较为一致，而磷、钾稍有不同，以磷差异较大，D. E. Angeles的磷标准比其他的偏高。中国热带农业科学院南亚热带作物研究所研究表明，磷、钾含量在Langegge、Smith、Glennie和Swete Kelly所制订的标准范围内，而D. E. Angeles的磷、钾标准偏高（表7-3）。

表 7-3 菠萝叶片营养元素的适宜指标

适宜指标	营养元素含量					引用文献
	N（%）	P（%）	K（%）	Ca（%）	Mg（%）	
标准	1.43	0.15	2.77			临界值法（1977 年以前综合材料）
标准	1.52	0.11	2.76			Langegge 和 Smith，1978
适宜范围	1.20～1.84	0.08～0.14	2.04～3.48			Langegge 和 Smith，1978
标准	1.43	0.25	3.24			D. E. Angeles，1990
适宜范围	1.12～1.74	0.19～0.31	2.40～4.08			D. E. Angeles，1990
适宜范围	1.40～1.90	0.13～0.20	2.04～3.48	0.30～0.50	0.18～0.30	Glennie,1977；Swete Kelly，1993

（综合材料）

3. 菠萝养分平衡诊断 据美国 D. E. Angels 等报道（1990），在菠萝上采用诊断与推荐综合系统（简称 DRIS）比临界值方法更为准确。临界值方法显示氮、磷、钾均已足够，但 DRIS 方法却指示氮还是相对的不足，氮素的增加导致产量进一步提高，这证明 DRIS 方法是正确的。

表 7-4 各种来源的菠萝 DRIS 标准

重要养分比值	D. E. Angeles（1990）		Laugegge 和 Smith（1978）	
	标准	适宜范围	标准	适宜范围
磷/氮	0.18	0.12～0.24	0.07	0.05～0.09
钾/氮	2.30	1.70～2.90	1.70	1.12～2.28
钾/磷	13.90	8.34～19.46	25.51	17.1～33.9

表 7－4 结果表明，D. E. Angeles、Laugegge 和 Smith 提出 DRIS 标准值与适宜范围都有较大差异。虽然 D. E. Angeles 的 DRIS 标准是建立在大量数据基础上得出的，但如上所述，其磷、钾标准是偏高的，所以适宜采用 Laugegge 和 Smith 的 DRIS 标准作为菠萝营养平衡诊断指标。

八、菠萝土壤养分测试及测定值的判断应用

1. 菠萝土壤养分测试与应用　广东省徐闻县农业局冯奕玺（1997）把菠萝园土壤养分含量简单分为丰富、中等、缺乏 3 级（表 7－5），并据此提出在这 3 种情况下有机肥、氮、磷、钾肥料的养分施用量。与 1982 年土壤普查土壤养分分级指标（表 7－6）相比结果偏低。由于冯奕玺提出的这些数据是基于亩产量在 1.5～2 吨基础上计算出来的，而现在的菠萝平均亩产量已达到 2.7 吨，高产的可达到亩产 5 吨，冯奕玺所提出的土壤养分含量分级指标应进行调整。

广西谭宏伟等经过大量试验，把壤质轻砂土速效钾分为 3 级：低：＜43 毫克/千克，中：43～73 毫克/千克，高：＞73 毫克/千克，但未提出相应钾肥施用量。巴西学者把土壤速效钾含量低于 21 毫克/千克定为低，并提出在低时施用钾肥量应为 43.3 千克/亩。所以对于速效钾而言，可初步定义＜50 毫克/千克为低或缺乏，在低时施钾量采用巴西学者研究结果。鉴于没有新的菠萝园土壤养分分级标准，菠萝的一些生长发育特点也接近于大田作物，所以对于速效钾中、高的含量范围和其他养分丰缺定义，可暂时以 1982 年土壤普查数据作为丰缺指标。

表 7-5 土壤养分分级及相应施肥量

土壤氮、磷、钾速效养分分级	土壤氮、磷、钾速效养分含量			各种肥料建议施用量			
	碱解氮（毫克/千克）	速效磷（毫克/千克）	速效钾（毫克/千克）	有机肥（千克/公顷）	N（千克/公顷）	P_2O_5（千克/公顷）	K_2O（千克/公顷）
丰富	＞100	＞10	＞120	7 500	187.5	112.5	150
中等	50～100	5～10	50～120	11 250	225	150	225
缺乏	＜50	＜5	＜50	18 750	300	262.5	300

表 7-6 土壤养分分级指标

分级	全氮（N）（%）	全磷（P_2O_5）（%）	全钾（K_2O）（%）	有机质（%）	水解氮（N）（毫克/千克）	速效磷（P_2O_5）（毫克/千克）	速效钾（K_2O）（毫克/千克）
极缺乏	＜0.03	＜0.04	＜0.6	＜0.5	＜30	＜5	＜50
缺乏	0.03～0.08	0.04～0.08	0.6～1.0	0.5～1.5	30～60	5～15	50～80
中等	0.08～0.16	0.08～0.12	1.0～1.5	1.5～3.0	60～90	15～30	80～150
丰富	0.16～0.30	0.12～0.18	1.5～2.5	3.0～5.0	90～120	30～80	150～200
极丰富	＞0.30	＞0.18	＞2.5	＞5.0	＞120	＞80	＞200

2. 氮、磷、钾肥料施用量的确定 由于菠萝品种、立地条件、苗木种类及大小、气候条件、施肥方法等诸多因素不同，特别是土壤养分含量差异，造成不同国家、不同地区、不同农户氮、磷、钾施用量上存在差异。由于菠萝栽植面积较小，研究者不多，在同一气候地区，其土壤养分含量差异不是太大；同时氮、磷、钾施用量还与施肥方法有关，如果采用叶面施肥或滴喷灌施肥的，其肥料施用量要少，如全部用土施并结合撒施的，其施肥量要大一些。土壤与叶面喷施相结合的，施肥量介于两者之间。

表 7-7 不同国家和地区施肥量

国家和地区	养分（千克/公顷）				土壤类型
	N	P_2O_5	K_2O	MgO	
中国福建龙海	1 119.8	1 023.8	843.8		黏土
福建上坪	1 057.5	352.5	337.5		砂壤土
海南昌江	659.3	222.0	383.3		壤土
海南陵水	1 372.5	337.5	1 687.5		砂土
广东徐闻	533.6	527.3	727.9		黏土
广东雷州	366.0	292.5	498.8		黏土
广西防城	240～480	75～150	300～600		砂壤土
广西南宁	375.0	202.5	435.0		壤土或黏土
巴西	616	197	663	56	砂壤土
法国	204.0	102.0	510.0	102.0	
美国	587.0	75.0	585.0	128.2	壤土或砂壤土
泰国	540～750				
印度	648～864				

表 7-7 结果表明，不同国家和地区氮、磷、钾施肥量存在着较大差异，其中一部分原因在于土壤（包括土壤母质、质地、养分含量）和施肥方式的差异，如黏土类型（特别是玄武岩发育而成的）土壤，由于固磷能力强，要施用较多的磷肥才能满足菠萝生长发育对土壤磷养分的需要，土壤速效氮、钾含量高的，氮、钾肥施用量就少；采用叶面或喷、滴溉施肥的，施肥量相应少（因为叶面、喷、滴灌施肥的肥料利用率高）。

另外，栽植品种和苗木大小也对氮、磷、钾施用量产生影响，中国热带农业科学院南亚热带作物研究所研究表明，卡因品种氮、磷、钾需要量比巴厘品种的多 25%；大苗种植的，特别是采取当年种植当年收果的，其氮、磷、钾肥施用量比小苗种植的和两年收的要少得多（表所列数据基本上是中、小苗种植且第二年才收的种植方式所得出的数据）。

3. 中微量元素用量的确定 我国菠萝在广东雷州半岛（雷州、徐闻）大多施用硫酸亚铁及其他硼、锌等微量元素，巴西和美国都注重镁和锌元素的施用。镁元素施用可采取含镁复合肥形式施用，也可以采用喷施硫酸镁形式，锌元素大多采取喷施硫酸锌形式。另外，对于缺硼土壤，应加强硼肥（如用硼砂）施用，这些中、微量元素喷施浓度约为0.8%～1.5%，喷施次数约为3～8次，对于菠萝需要量较多的镁元素，可喷多些，需要量少的硼元素，可喷少些。容易裂果的品种和地区，应特别注意硼肥的施用和平衡施肥。

九、菠萝施肥技术

我国菠萝施肥技术要根据土壤类型、土壤养分含量、地势、苗木大小、施肥方法等确定。砂土类型土壤可比黏土的少施磷肥，苗小的要比苗大的多施几次肥，菠萝是需要钾元素较多的果树，在生产中应加强钾肥施用。下面列出了两种不同施肥技术，仅供参考。

1. 微喷灌、滴灌施肥技术 采用表7-8施肥技术，与常规沟施、撒施结合叶面喷施施肥技术相比，微喷灌、滴灌施肥技术可增加菠萝产量18%，亩产量达4 000千克以上，商品果率提高10%，超过90%的果品达到标准化规定的质量等级二级以上，且能提前2个月收获。

微喷灌、滴灌技术可大大提高肥料的利用率，特别是可以提高由玄武岩发育而成的、固磷能力强的土壤上磷肥的利用率，不仅可以节省肥料，而且能打破以前菠萝靠看天（即下雨）施肥、产量靠天定（特别是菠萝快速生长期、果实生长发育期缺水会严重影响产量）的被动局面，大大提高了菠萝的产量和品质，是一项值得推广的技术。

表 7-8 微喷灌、滴灌施肥技术

植株所处时期	施肥时间	肥料种类				用水方式	
		有机肥（千克/公顷）	复合肥（15-15-15，千克/公顷）	尿素（千克/公顷）	钾肥（千克/公顷）	微喷灌（用水量，米^3）	滴灌（用水量，米^3）
种植期	2007 年 9 月	75 000					
缓慢生长期	11 月		—	75	—	240	120
	12 月		37.5	37.5	—	480	240
	2008 年 1 月		—	75	—	480	240
	2 月		—	75	—	480	240
	3 月		37.5	37.5	—	480	240
快速生长期	4 月		150	75	—	90	45
	5 月		—	37.5	150	90	45
	6 月		75	—	75	90	45
催花期	7 月		75	75	150	90	45
小果期	8 月		—	37.5	—	90	45
果实发育中期	10 月		37.5	37.5	37.5	90	45
采果后期	2009 年 3 月			45		90	45
小计			412.5	525	412.5	90	45

注：①全程灌水 16 次，其中结合灌水进行管道施肥 12 次。在 12 月至翌年 3 月干旱季节，喷灌或滴灌 4 次，喷灌每次每公顷 16 米^3，滴灌每次每公顷 8 米^3，其余月份每次用水量：微喷灌为 6 米^3，滴灌为 3 米^3。②数据引自徐闻县果蔬研究所研究资料。

2. 沟施（或穴施）、撒施和叶面喷施相结合施肥技术 由于我国菠萝大多栽植于干旱丘陵、坡地，水源缺乏，加上微喷灌、滴灌成本较高，在我国，98%以上菠萝产区采用的是沟施、撒施和叶面喷施相结合的施肥方法。

下面根据中国热带农业科学院南亚热带作物研究所研究结果，结合雷州半岛高产（产量4吨/亩）农户施肥经验，总结出雷州半岛地区菠萝施肥技术。

基肥：种植时每亩施用100～200千克有机肥、50～100千克过磷酸钙、10～15千克尿素、5～10千克氯化钾。

追肥：在种植后15天开始喷施叶面肥，叶面肥配方：4%～8%高钾型复合肥（或2.5%～3.5%尿素，3%～5%过磷酸钙，2.5%～3.5%氯化钾或硫酸钾），1.5%硫酸镁，1%硫酸亚铁，0.2%～0.4%硼砂，每月喷施2～3次，直至催花前。在封行前采用沟施追肥，每亩施用20～30千克尿素、50～100千克过磷酸钙、20～30千克高钾型复合肥或均衡型复合肥、20～30千克氯化钾；在快速生长期进行撒施追肥，即在种后5个月至催花前1个月，每隔1个月每亩施5～7.5千克尿素、5～7.5千克氯化钾，共6～7次。在谢花后，卡因品种要撒施1～2次肥，巴厘品种撒施0～1次肥，肥料用量和种类同快速生长期。

在同样条件下，卡因品种比巴厘品种总共要多施约25%氮、磷、钾肥。

另外，在同一土壤类型，养分含量较高的肥料用量可少些，养分含量较低的肥料用量可多些。苗木大、当年种当年收的也应减少1/3～1/2氮、磷、钾肥料的用量。小苗（苗鲜重小于180克的）种植的，由于小苗生长较慢，根系弱，从土壤中吸收养分较差，所以在施肥方式上，此种苗应多喷叶面肥，通过叶面吸收养分方式来促进小苗生长。

其他地区施肥技术如下：

海南省和广西壮族自治区的浅海沉积物发育而成的砂土、砂壤土，或福建省的砂土或砂壤土，由于其固磷能力较弱，可在雷州半岛施肥量基础上较大幅度地减少磷肥的施用量，但在同等产量（4 吨/亩）条件下，要增加氮、钾、镁和硼、锌微量元素的施用量，而且要采取多次施用原则。对于云南、广西的黏壤土磷肥施用量和氮钾施用量，可在表施肥量或雷州半岛菠萝施肥技术基础上，根据测土所得养分含量、苗木大小、预测产量进行适当调整。

附　录

附录一　大量元素肥料含量和性质

化肥类型		化肥名称	主要成分分子式	养分含量（%）	化学反应	养分溶解性	化肥的物理性状
氮肥	铵态氮肥	硫酸铵	$(NH_4)_2SO_4$	N:20.8～21	弱酸性	水溶性	吸湿性弱
		氯化铵	NH_4Cl	N:22.5～25.39	弱酸性	水溶性	吸湿性弱
		碳酸氢铵	NH_4HCO_3	N:16.8～17.10	碱性	水溶性	易潮解挥发
		氨水	$NH_3 \cdot H_2O$	N:15～17	碱性	液态	挥发性强，腐蚀性强
	硝态氮肥	硝酸铵	$(NH_4)_2NO_3$	N:34～34.6	弱酸性	水溶性	吸湿性强，易结块
		硝酸铵钙	$NH_4NO_3+CaCO_3$	N:20	弱酸性	水溶性	吸湿性强，不结块
	酰胺态氮肥	尿素	$CO(NH_2)_2$	N:46	中性	水溶性	有吸湿性，结块
		石灰氮	$CaCN_2$	N:18～20	碱性	微溶于水	吸湿性强，结块变质

（续）

化肥类型		化肥名称	主要成分分子式	养分含量（%）	化学反应	养分溶解性	化肥的物理性状
磷肥	水溶性磷肥	过磷酸钙	$Ca(H_2PO_4)_2+CaSO_4$	P_2O_5:12～18	酸性	水溶性	有吸湿性腐蚀性
		重过磷酸钙	$Ca(H_2PO_4)_2$	P_2O_5:40～45	酸性	水溶性	有吸显性腐蚀性
	弱酸溶性磷肥	钙镁磷肥	$\alpha-Ca_3(PO_4)_2$和$CaSiO_3$,$MgSiO_3$	P_2O_5:12～18	碱性	枸溶性	—
		钢渣磷肥	$Ca_4P_2O_9\cdot CaSiO_3$	P_2O_5:15以上	碱性	枸溶性	吸湿性弱
	难溶性磷肥	磷矿粉	$Ca(PO_4)_3\cdot F$	P_2O_5:10～30	中性	强酸溶性	—
		骨粉	$Ca_3(PO_4)_2$	P_2O_5:20～35	中性	强酸溶性	
钾肥		硫酸钾肥	K_2SO_4	K_2O:48～52	中性	水溶性	有吸湿性
		氯化钾	KCl	K_2O:33.0～50.0	中性	水溶性	吸温室性强
		窑灰钾肥	$K_2CO_3+K_2SO_4+KCl$	K_2O:8～25	碱性	水溶性，弱酸溶性	易结块
复合肥	氮磷复合肥	氨化过磷酸钙	$NH_4H_2PO_4+CaHPO_4+(NH)_2SO_4$	N:2～3 P_2O_5:14～18	中性	水溶性	—
		磷酸铵	$NH_4H_2PO_4+(NH_4)_2HPO_4$	N:12～18 P_2O_5:46～52	中性	水溶性	有吸湿性
	磷钾复合肥	磷酸二氢钾	KH_2PO_4	P_2O_5:24 K_2O:27	酸性	水溶性	—
		磷钾复合肥	$\alpha-Ca_3(PO_4)_2$ 含钾盐类KNO_3	P_2O_5:约11 K_2O:约9	带碱性	弱酸溶性	—
	氮钾复合肥	硝酸钾	KNO_3	N:13 K_2O:16	中性	水溶性	稍有吸湿性

附录二 微量元素肥料的种类和性质

微量元素肥料	主要成分	有效成分含量（%）（以元素计）	性　质
硼肥		B	
硼酸	H_3BO_3	17.5	白色结晶或粉末，溶于水
硼砂	$Na_2B_4O_7 \cdot 10H_2O$	11.3	白色结晶或粉末，溶于水
硼镁肥	$H_3BO_3 \cdot MgSO_4$	1.5	灰色粉末，主要成分溶于水
硼泥	—	约0.6	是生产硼砂的工业废渣，呈碱性，部分溶于水
锌肥		Zn	
硫酸锌	$ZnSO_4 \cdot 7H_2O$	23	白色或淡橘红色结晶，易溶于水
氧化锌	ZnO	78	白色粉末，不溶于水，溶于酸和碱
氯化锌	$ZnCl_2$	48	白色结晶，溶于水
碳酸锌	$ZnCO_3$	52	难溶于水
钼肥		Mo	
钼酸铵	$(NH_4)_2MoO_4$	49	白色结晶或粉末，溶于水
钼酸钠	$Na_2MoO_4 \cdot 2H_2O$	39	青白色结晶或粉末，溶于水
氧化钼	MoO_3	66	难溶于水
含钼矿渣	—	10	是生产钼酸盐的工业废渣，难溶于水，其中含有效态钼1%～3%
锰肥		Mn	
硫酸锰	$MnSO_4 \cdot 3H_2O$	26～58	粉红色结晶，易溶于水
氯化锰	$MnCl_2$	19	粉红色结晶，易溶于水

（续）

微量元素肥料	主要成分	有效成分含量（%）（以元素计）	性　质
氧化锰	MnO	41～68	难溶于水
碳酸锰	$MnCO_3$	31	白色粉末，较难溶于水
铁肥		Fe	
硫酸亚铁	$FeSO_4 \cdot 7H_2O$	19	淡绿色结晶，易溶于水
硫酸亚铁铵	$(NH_4)_2SO_4 \cdot FeSO_4 \cdot 6H_2O$	14	淡蓝绿色结晶，易溶于水
铜肥		Cu	
五水硫酸铜	$CuSO_4 \cdot 5H_2O$	25	蓝色结晶，溶于水
一水硫酸铜	$CuSO_4 \cdot H_2O$	35	蓝色结晶，溶于水
氧化铜	CuO	75	黑色粉末，难溶于水
氧化亚铜	Cu_2O	89	暗红色晶状粉末，难溶于水
硫化铜	Cu_2S	80	难溶于水

附录三　有机肥养分含量

样品名称	有机碳（%）	全氮（%）	全磷（%）	全钾（%）
人粪（鲜基）	9.52	1.17	0.26	0.32
人尿（鲜基）	0.17	0.52	0.03	0.12
人粪尿（鲜基）	2.50	0.64	0.14	0.17
猪粪	38.47	2.04	1.06	0.87
猪粪尿（鲜基）	3.55	0.24	0.07	0.17
牛粪	37.24	1.48	0.32	0.83
羊粪	29.92	2.21	0.59	1.26

（续）

样品名称	有机碳（%）	全氮（%）	全磷（%）	全钾（%）
鸡粪	24.12	2.14	0.92	1.25
鸭粪	24.14	1.64	0.50	0.80
鹅粪	27.08	1.60	0.62	1.45
兔粪	35.45	2.10	0.94	1.78
蚕沙	37.13	2.14	0.24	1.61
猪栏粪	31.91	1.49	0.59	1.25
牛栏粪	27.18	1.35	0.36	2.07
羊栏粪	19.14	1.26	0.27	1.33
堆肥	10.62	0.49	0.17	1.84
凼肥	8.12	0.39	0.19	2.32
沼渣	25.27	1.87	0.76	0.90
沼液（鲜基）	0.45	0.11	0.02	0.06
紫云英	41.29	2.87	0.25	1.72
蓝花草籽	38.76	2.98	0.36	2.58
蚕豆苗	41.36	2.44	0.33	1.88
豇豆苗	41.60	3.22	0.35	2.30
豌豆苗	40.94	3.21	0.30	1.61
红萍	32.95	2.69	0.17	2.06
其他萍	34.04	3.18	0.32	2.78
空心莲子草	35.88	2.98	0.39	6.72
水葫芦	33.84	2.47	0.46	4.31
水浮莲	30.24	2.33	0.36	3.72
水花生	35.28	2.56	0.33	4.16
山青	40.65	2.42	0.30	1.95

（续）

样品名称	有机碳（%）	全氮（%）	全磷（%）	全钾（%）
稻草	39.41	0.91	0.12	1.92
玉米秆	43.37	0.92	0.19	1.51
油菜秆	43.06	0.80	0.17	1.93
绿豆秆	41.50	1.52	0.22	1.65
豌豆秆	42.56	1.99	0.23	1.40
蚕豆秆	42.58	1.89	0.32	1.65
黄豆秆	42.25	1.54	0.17	0.98
大麦秆	44.92	0.72	0.10	1.29
烟秆	42.80	1.43	0.20	1.78
高粱秆	43.97	0.96	0.15	1.88
花生秆	40.94	1.61	0.11	1.07
茶籽饼	43.55	1.66	0.32	1.19
菜籽饼	39.79	5.04	1.04	1.28
桐籽饼	44.12	2.36	0.38	1.44
棉籽饼	37.47	4.28	1.02	1.02
烟饼	42.53	4.26	0.67	1.25
垃圾	8.03	0.28	0.16	1.59
塘泥	3.05	0.22	0.10	1.65
陈砖		0.20	0.11	2.20
火土灰	4.40	0.26	0.11	1.15
草木灰			0.86	7.07
酒糟	31.82	2.87	0.31	0.29
泥炭	5.61	0.69	0.04	0.49

注：凡未注明“鲜基”的均为“风干基”。

附录四　常规肥料可否混合一览表

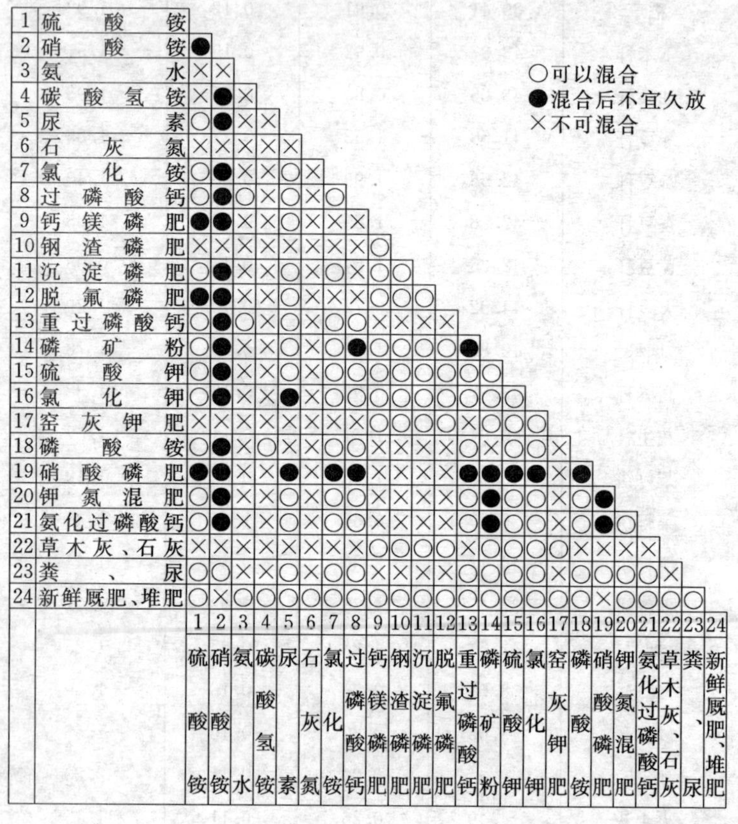

○可以混合
●混合后不宜久放
×不可混合

		1 硫酸铵	2 硝酸铵	3 氨水	4 碳酸氢铵	5 尿素	6 石灰氮	7 氯化铵	8 过磷酸钙	9 钙镁磷肥	10 钢渣磷肥	11 沉淀磷肥	12 脱氟磷肥	13 重过磷酸钙	14 磷矿粉	15 硫酸钾	16 氯化钾	17 窑灰钾肥	18 磷酸铵	19 硝酸磷肥	20 钾氮混肥	21 氨化过磷酸钙	22 草木灰、石灰	23 粪、尿	24 新鲜厩肥、堆肥
1	硫酸铵																								
2	硝酸铵	●																							
3	氨水	×	×																						
4	碳酸氢铵	×	●	×																					
5	尿素	○	●	×	×																				
6	石灰氮	×	×	×	×	×																			
7	氯化铵	○	●	×	×	○	×																		
8	过磷酸钙	○	●	○	×	○	×	○																	
9	钙镁磷肥	●	●	×	×	○	×	×	×																
10	钢渣磷肥	×	×	×	×	×	×	×	×	○															
11	沉淀磷肥	○	●	×	×	○	×	○	×	○	○														
12	脱氟磷肥	●	●	×	×	○	×	×	×	○	○	○													
13	重过磷酸钙	○	●	○	×	○	×	○	○	×	×	×	×												
14	磷矿粉	○	●	×	×	○	×	○	●	○	○	○	○	●											
15	硫酸钾	○	●	×	×	○	×	○	○	○	○	○	○	○	○										
16	氯化钾	○	●	×	×	●	×	○	○	○	○	○	○	○	○	○									
17	窑灰钾肥	×	×	×	×	×	×	×	×	○	○	○	○	×	○	○	○								
18	磷酸铵	○	●	×	○	×	×	○	○	×	×	×	×	○	×	○	○	×							
19	硝酸磷肥	●	●	×	×	●	×	●	●	×	×	×	×	●	●	●	●	×	●						
20	钾氮混肥	○	●	×	×	○	×	○	○	×	×	×	×	○	●	○	○	×	○	●					
21	氨化过磷酸钙	○	●	×	×	○	×	○	○	×	×	×	×	○	●	○	○	×	○	●	○				
22	草木灰、石灰	×	×	×	×	×	×	×	×	○	○	○	○	×	○	○	○	○	×	×	×	×			
23	粪、尿	○	○	×	×	○	×	○	○	×	×	×	×	○	○	○	○	×	○	○	○	○	×		
24	新鲜厩肥、堆肥	○	×	○	○	○	○	○	○	○	○	○	○	○	○	○	○	○	○	×	○	○	○	○	

主要参考文献

陈杰忠 . 2003. 果树栽培学各论［M］. 北京：中国农业出版社 .

陈伦寿，李仁岗 . 1984. 农田施肥原理与实践［M］. 北京：农业出版社 .

陈伦寿，张鹏，李炳奎 . 1994. 果树配方施肥技术问答［M］. 北京：农业出版社 .

段炳源，梁孝衍，周修冲 . 1992. 实用化肥手册［M］. 广州：广东科技出版社 .

广东农村统计年鉴辩解委员会 . 2009. 广东农村统计年鉴［M］. 北京：中国统计出版社 .

广东省农业厅 . 1985. 果树栽培 . 广州：广东科学技术出版社 .

国家统计局农村社会经济调查司 . 2008. 中国农村统计年鉴［M］. 北京：中国统计出版社 .

海南大学高等职业技术学院组 . 2004. 热带亚热带果树栽培学［M］. 北京：中国农业出版社 .

韩振海，王倩，张拓 . 1997. 果树营养诊断与科学施肥［M］. 北京：科学出版社 .

黄秉智 . 1995. 香蕉优质高产栽培［M］. 北京：金盾出版社 .

黄显淦等 . 1993. 果树营养施肥及土壤管理［M］. 北京：中国农业科学技术出版社 .

李来荣，庄伊美 . 1988. 亚热带果园土壤及果树营养研究［M］. 福州：福建科学技术出版社 .

刘权 . 2003. 南方特产果树栽培手册［M］. 北京：中国农业出版社 .

鲁如坤，等 . 1998. 土壤—植物营养学原理和施肥［M］. 北京：化学工业出版社．

马国瑞，石伟勇．2002. 果树营养失调症原色图谱［M］．北京：中国农业出版社．

农业部科学技术司．1991. 中国南方农业中的钾［M］．北京：农业出版社．

农业部农业局．1989. 配方施肥．北京：农业出版社．

万连步，杨力，张民．2004. 柑橘/作物营养与施肥丛书·果树卷［M］．济南：山东科学技术出版社．

王沛霖．2002. 南方果树设施栽培技术［M］．北京：中国农业出版社．

奚振邦．2008. 现代化学肥料学［M］．北京：中国农业出版社．

肖焱波．2010. 作物营养诊断与合理施肥［M］．北京：中国农业出版社．

于忠范，姜学玲，张广和．2006. 果树营养与平衡施肥技术问答［M］．济南：山东科学技术出版社．

张承林，郭彦彪．2005. 灌溉施肥技术［M］．北京：化学工业出版社．

张道勇，王鹤平．1997. 中国实用肥料学［M］．上海：上海科学技术出版社．

中国农业科学院土壤肥料研究所．1994. 中国肥料［M］．上海：上海科学技术出版社．

朱兆良，文启孝．1992. 中国土壤氮素［M］．南京：江苏科学技术出版社．

庄伊美．1994. 柑橘营养与施肥［M］．北京：中国农业出版社．

图书在版编目（CIP）数据

南方果树测土配方施肥技术 / 全国农业技术推广服务中心组织编写．—北京：中国农业出版社，2009.8（2015.10 重印）

（测土配方施肥技术丛书）

ISBN 978-7-109-13816-2

Ⅰ．南…　Ⅱ．全…　Ⅲ．①果树－土壤肥力－测定法②果树－施肥－配方　Ⅳ．S660.6

中国版本图书馆 CIP 数据核字（2009）第 059722 号

中国农业出版社出版

（北京市朝阳区农展馆北路 2 号）

（邮政编码 100125）

责任编辑　贺志清

中国农业出版社印刷厂印刷　　新华书店北京发行所发行

2011 年 4 月第 1 版　　2015 年 10 月北京第 2 次印刷

开本：787mm×1092mm　1/32　　印张：5.75　　插页：2

字数：119 千字　　印数：3 001～4 000 册

定价：15.00 元

柑橘缺氮
（左：缺氮；右：正常）

柑橘缺磷

柑橘缺钾

柑橘缺镁

柑橘缺钙

柑橘缺硼

柑橘缺铁

柑橘缺锌

脐橙缺氮

脐橙缺磷

脐橙缺钾

脐橙缺铁

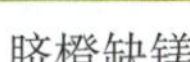

脐橙缺镁

脐橙缺锌

脐橙缺硼

香蕉缺氮

香蕉缺钾

香蕉缺锌

香蕉缺铁

香蕉缺镁

香蕉缺硫